Eva Froese und Klaus Birker (Hrsg.)

Formel-
sammlung BWL

Die wichtigsten betrieblichen Kennzahlen
für Praxis und Ausbildung

Verlagsredaktion: Annette Preuß
Technische Umsetzung: Holger Stoldt, Düsseldorf
Umschlaggestaltung: Ellen Meister, Berlin
Titelfoto: © Joos Mind / Getty Images

Informationen über Cornelsen Fachbücher und Zusatzangebote:
www.cornelsen-berufskompetenz.de

1. Auflage

© 2008 Cornelsen Verlag Scriptor GmbH & Co. KG, Berlin

Druck: Druckhaus Berlin-Mitte

ISBN 978-3-589-23402-8

Inhalt gedruckt auf säurefreiem Papier
aus nachhaltiger Forstwirtschaft.

Inhalt

1 Einführung

1.1 Definitionen

Absolute Zahlen sind unabhängig von anderen Zahlengrößen. Beispiele aus einem Unternehmen:

◆ Posten der Bilanz (Anlagevermögen, Umlaufvermögen, Eigenkapital, Fremdkapital) oder
◆ Zahlen aus der Gewinn- und Verlustrechnung (Umsatzerlöse, Aufwendungen für Personal, Zinsen für das Fremdkapital),
◆ Angaben aus dem Personalwesen (Zahl der beschäftigten Mitarbeiter, Fluktuation, Krankschreibungen),
◆ Lagerverwaltungsdaten (Bestände, Zu- und Abgänge von Waren oder Vorräten).

Diese Zahlen stellen internes Material dar, weil sie im Betrieb entstanden sind.

Externes Material wird durch Einrichtungen außerhalb des Unternehmens bereitgestellt, z.B. ökonomische Kennzahlen, die als volkswirtschaftliche Indikatoren die gesamtwirtschaftliche Entwicklung darstellen, wie beispielsweise die Arbeitslosenquote, die Inflationsrate oder die Steuerquote.

Daten lassen sich nach folgenden Gesichtspunkten unterscheiden:

◆ Sachliche Erfassung: Umsätze, Kosten, Beschäftigte, Auszubildende
◆ Zeitliche Erfassung: Zahlen am Bilanzstichtag, Zahlen einer Abrechnungsperiode
◆ Räumliche Erfassung: Kostenstellen, Branchen, In- und Ausland

Bei der Datenerhebung erfolgt eine Unterteilung der Daten nach Umfang des Zahlenmaterials:

◆ Vollerhebung: Es werden alle Elemente der Grundgesamtheit erfasst, wie z.B. alle Beschäftigten, alle Kunden, alle Bewohner.

◆ Teilerhebung: Nur ein Teil eines Ganzen wird erfasst, wie z.B. Umsatz eines Erzeugnisses, Befragung eines Teils der Kunden.

Weitere Grundbegriffe anhand eines Beispiels

Unter den derzeit 220 Studenten einer Fakultät sind sowohl einheimische als auch ausländische Studenten. Es wird die Zusammensetzung dieser Studenten untersucht:

◆ Den einzelnen Studenten bezeichnet man als Untersuchungseinheit,

◆ „einheimisch" oder „ausländisch" als Merkmal der Untersuchungseinheit,

◆ die 220 Studenten bilden die Grundgesamtheit (Gesamtmasse).

◆ Von einer Teilmasse spricht man, wenn z.B. 55 Studenten von den 220 Studenten für die Erhebung der Daten ausgewählt werden.

◆ Geht man davon aus, dass die Teilmasse die gleichen Eigenschaften wie die Gesamtmasse ausweist (die Teilmasse ist repräsentativ für die Grundgesamtheit), so begnügt man sich hier mit einer Teilerhebung (Repräsentativerhebung).

◆ Eine Stichprobe ist das Ergebnis einer Teilerhebung. Von der Stichprobe schließt man auf die Gesamtmasse.

Nach ihrer Herkunft lassen sich die Daten folgendermaßen aufteilen:

- ◆ Primärdaten: Sie werden für einen speziellen Zweck erhoben, z.B. Kundenbefragung, Verkehrszählung.
- ◆ Sekundärdaten: Sie sind bereits vorhanden und für die Statistik relevant, z.B. Zahlen aus der Finanzbuchhaltung (Umsatzerlöse) oder Kosten- und Leistungsrechnung (Fertigungskosten).

Die Betriebsstatistik ist ein Teil des internen Rechnungswesens. Sie erfasst relevante Daten, bereitet sie auf und wertet sie aus. Sie basiert überwiegend auf den Zahlen der Finanzbuchhaltung und Kosten- und Leistungsrechnung.
Die ausgewerteten Zahlen dienen der Planung und Steuerung des Unternehmens im operativen und strategischen Sinne.

Verhältniszahlen (Kennzahlen) sind Quotienten zweier absoluter Größen. Es wird untersucht, in welchem Verhältnis die Zahlen zueinander stehen. Ausgedrückt wird das meistens in einem Prozentsatz. Unterschieden werden:

Gliederungszahlen:

$$\text{Gliederungszahl} = \frac{\text{Teilmasse}}{\text{Gesamtmasse}} \cdot 100$$

Bei ihnen werden Teilmengen auf die Gesamtmenge bezogen. Es wird ausgerechnet, wie sich die Teilmasse zur Gesamtmasse verhält. Sie können nicht größer als 100% sein. Beispiele:
- ◆ Anteil des Fremdkapitals am Gesamtkapital
- ◆ Monatsumsatz in Prozenten zum Jahresumsatz
- ◆ Personalkosten in Prozenten zu Gesamtkosten

Beziehungszahlen:

$$\text{Beziehungszahl} = \frac{\text{Masse einer Art}}{\text{Masse einer anderen Art}}$$

Sie entstehen, wenn sachlich verschiedenartige statistische Gesamtheiten, die jedoch einen sinnvollen Zusammenhang aufweisen, ins Verhältnis gesetzt werden. Beispiele:

◆ Gewinn im Verhältnis zum Eigenkapital
◆ Kosten im Verhältnis zum Umsatz
◆ Umsatz zur Zahl der Beschäftigten

Indexzahlen:

$$\text{Indexzahl} = \frac{\text{Wert jeweiliges Jahr}}{\text{Wert Basisjahr}} \cdot 100$$

Indexzahlen sind den Messzahlen ähnlich. Während bei den Messzahlen Veränderungen eines einzigen Merkmals an einem Gegenstand gezeigt werden, gibt der Index die durchschnittliche Veränderung eines Merkmals bei mehreren Gegenständen an.

Ein Wert aus einer Zahlenreihe wird zur Basiszahl (= 100 %) bestimmt und alle anderen Werte werden auf diese Basiszahl bezogen. Beispiele:

◆ Entwicklung der Umsätze, des Gewinnes, der Preise, der Löhne und der Produktivität

Messzahlen:

$$\text{Messzahl} = \frac{\text{Merkmalswert}}{\text{Merkmalswert A (Basis)}} \cdot 100$$

Sie entstehen, wenn sachlich gleiche, aber zeitlich oder örtlich verschiedene Merkmalsausprägungen aufeinander bezogen werden.

Wenn Werte nachfolgender Jahre mit einem Basisjahr oder dem Wert eines bestimmten Jahres verglichen werden, dann liegen Messzahlen vor. Beispiele:

◆ Umsatzentwicklung verschiedener Jahre
◆ Entwicklung der Beschäftigung
◆ Fremdkapital zu Eigenkapital

Im Folgenden ein paar konkrete Beispiele für Verhältnis-zahlen.

◆ Gliederungszahlen: Jahresumsatz in % pro Artikel

Artikel	Umsatz im Jahr 2006 in €	Anteil am Gesamtumsatz des Jahres 2006 in %
A	360.000,00	28,85
B	186.000,00	14,90
C	482.000,00	38,62
D	220.000,00	17,63
Gesamt	1.248.000,00	100,00

◆ Beziehungszahlen: Der Umsatz pro Mitarbeiter in den einzelnen Jahren

Jahr	Beschäftigte	Umsatz in €	Umsatz pro Mitarbeiter in €
2002	220	481.800,00	2.190,00
2003	235	740.250,00	3.150,00
2004	210	819.000,00	3.900,00
2005	218	589.908,00	2.706,00
2006	206	659.200,00	3.200,00

◆ Messzahlen: Entwicklung des Umsatzes und des Gewinnes

	Jahr 2005 (in €)	Jahr 2006 (in €)	Veränderung (in €)	Veränderung (in %)
Umsatz	680.000,00	420.000,00	−260.000,00	−38,24
Gewinn	120.000,00	126.000,00	6.000,00	5,00

◆ Indexzahlen: Preisentwicklung zum Basisjahr 2004 für ein bestimmtes Produkt

Jahr	Preis in €	Index
2002	4,00	89,89
2003	4,20	94,38
2004	**4,45**	**100,00**
2005	5,00	112,36
2006	5,10	114,61

Mittelwerte sind Messzahlen. Es handelt sich um Durchschnittszahlen aus verschiedenen Zahlenwerten. Unterschieden werden das einfache arithmetische Mittel, das gewogene arithmetische Mittel, der Modalwert und der Median.

Einfaches arithmetisches Mittel

$$X = \frac{\text{Summe der Reihenglieder}}{\text{Zahl der Reihenglieder}}$$

$$X = \frac{a_1 + a_2 + a_3 \ldots + a_n}{n}$$

Beispiel:
Ein selbstständiger Vertreter hat folgende Umsätze vermittelt:

Januar	28.000,00 €
Februar	36.400,00 €
März	42.100,00 €

Der durchschnittliche Umsatz im ersten Quartal:

$$\frac{106.500,00 \text{ €}}{3} = 35.500,00 \text{ €}$$

Gewogenes arithmetisches Mittel

$$X = \frac{\text{gewogene Summe der Reihenglieder}}{\text{gewogene Zahl der Reihenglieder}}$$

$$X = \frac{(a_1 \cdot b_1) + (a_2 \cdot b_2) + ... + (a_n \cdot b_n)}{b_1 + b_2 + ... + b_n}$$

Beispiel:
Unter Berücksichtigung aller Zugänge einer Periode soll ein Durchschnittspreis (gewogenes arithmetisches Mittel) der Ware im Lager ermittelt werden:

	Menge (in Stück) (b)	Preis pro Stück (in €) (a)	Wert in € (Menge · Preis)
Anfangsbestand am 01.01.	120	12,00	1.440,00
Zugang am 10.01.	50	11,50	575,00
Zugang am 15.01.	60	13,00	780,00
Zugang am 22.01.	80	11,00	880,00
Gesamt	310		3.675,00

Durchschnittspreis pro Stück:

$$\frac{1.440,00 \text{ €} + 575,00 \text{ €} + 780,00 \text{ €} + 880,00 \text{ €}}{310 \text{ Stück}} = 11,85 \text{ €/Stück}$$

Modalwert

Der Modalwert ist jener Wert, der in einer Datenmenge am häufigsten vorkommt. Die statistische Tatsache, dass bei vielen Zahlenreihen die mittleren Werte gehäuft auftreten, ist diesem Mittelwert zugrunde gelegt. Eine Stichprobe kann auch mehrere Modalwerte haben.

Beispiel: Untersucht werden die Besucher eines Solariums an einem Samstag:

Zahlenwert (Alter in Jahren)	18	19	22	25	29	30	38	43
Häufigkeit	1	1	2	3	1	2	2	1

↑

Modalwert:
Der am häufigsten auftretende Wert ist die Zahl 25.

Median

Bei einer Stichprobe ist der Median der Zentralwert einer geordneten Merkmalsreihe. Beim Zentralwert fallen Extremwerte nicht ins Gewicht.

Bei einer ungeraden Anzahl von Zahlenwerten liegt er genau in der Mitte. Bei einer geraden Anzahl wird das arithmetische Mittel der mittleren Zahlenwerte genommen.

Beispiel: Bezogen auf das Beispiel für den Modalwert ergibt sich folgender Zentralwert:

Zahlenwert (Alter in Jahren)	18	19	22	25	29	30	38	43
Häufigkeit	1	1	2	3	1	2	2	1

Hier gibt es acht Zahlenwerte und der Median muss aus den beiden mittleren Werten gerechnet werden:

$$\text{Zentralwert} = \frac{25 + 29}{2} = 27$$

1.2 Ökonomisches und erwerbswirtschaftliches Prinzip, Bedarfsdeckungsprinzip

Ökonomisches Prinzip

Dieses wird auch Rationalprinzip oder Wirtschaftlichkeitsprinzip genannt. Es handelt sich um Regeln, nach denen gewirtschaftet wird. Man unterscheidet:

◆ Maximalprinzip:
   Mit einem gegebenen Einsatz von Ressourcen soll das größtmögliche Ziel erreicht werden.

Mit zehn Liter Farbe die größtmögliche Fläche streichen.

◆ Minimalprinzip:
Mit einem möglichst kleinen Einsatz von Ressourcen soll ein vorgegebenes Ziel erreicht werden.

> Mit möglichst wenig Farbe eine Fläche von 50 Quadratmetern streichen.

◆ Optimalprinzip:
Gesucht wird die Alternative mit dem günstigsten Verhältnis von Ausbringung zu Einsatz.

Erwerbswirtschaftliches Prinzip

Hierbei handelt es sich um den Leitsatz der wirtschaftlichen Betätigung zur Gewinnmaximierung.

> Die betrieblichen Maßnahmen sind so zu treffen, dass die bestmögliche Rentabilität des Unternehmens erzielt wird.

Bedarfsdeckungsprinzip

Dies ist das primäre Prinzip des wirtschaftlichen Handelns: Angestrebt wird die Deckung des vorhandenen Bedarfs, z.B. von den öffentlichen Betrieben (unter Beachtung des Kostendeckungsprinzips oder des Angemessenheitsprinzips).

2 Finanzbuchhaltung

Die Quelle der internen Daten für die betrieblichen Kennzahlen

Die Finanzbuchhaltung ist ein Teilbereich des Rechnungswesens (externes Rechnungswesen).

> Ihre Aufgabe ist die Erfassung des Vermögens, der Schulden und des Eigenkapitals sowie deren Veränderungen durch Geschäftsvorfälle.

2.1 Bilanz und GuV

Inventur

Inventur ist die Bestandsaufnahme (Zählen, Messen, Wiegen) der Vermögensteile und Schulden, und zwar bei Gründung bzw. Übernahme oder Auflösung eines Unternehmens und am Schluss eines jeden Geschäftsjahres.
Man unterscheidet:

◆ Stichtagsinventur: Bestandsaufnahme am Bilanzstichtag oder innerhalb von zehn Tagen vor bzw. nach dem Stichtag.

◆ Verlegte Inventur: Bestandsaufnahme innerhalb von drei Monaten vor bzw. zwei Monaten nach dem Bilanzstichtag.

◆ Permanente Inventur: Fortlaufende Erfassung der Bestände z.B. aufgrund der Eintragungen in der Lagerkartei. Mindestens einmal im Jahr ist eine körperliche Bestandsaufnahme durchzuführen.

Bei einer Stichprobeninventur handelt es sich nicht um eine Inventurart, sondern um eine Technik der Bestandsaufnahme bei den drei Inventurarten. Die Bestände werden mithilfe von mathematisch-statistischen Methoden ermittelt.

Inventar

Inventar nennt man ein ausführliches Bestandsverzeichnis (Auflistung untereinander) mit Angaben von Mengen, Einzel- und Gesamtwerten.
Das Inventar zeigt alle Vermögensposten und Schulden eines Unternehmens zu einem Stichtag.

	Summe des Vermögens
–	Summe der Schulden
=	**Eigenkapital** (Reinvermögen)

Bilanz

Eine Bilanz ist eine verkürzte Darstellung (in Kontenform) des Vermögens, der Schulden und des Eigenkapitals eines Unternehmens zu einem Stichtag (in der Regel 31.12.).

◆ Auf der linken Seite der Bilanz werden die Aktiva notiert: Vermögen = Mittelverwendung = Investierung
◆ Auf der rechten Seite stehen die Passiva: Kapital = Mittelherkunft = Finanzierung

Das Vermögen wird nach steigender Liquidität und das Kapital nach Fälligkeit aufgestellt.

Gewinnermittlung durch Betriebsvermögensvergleich § 4 I EStG

	Betriebsvermögen am Ende des Wirtschaftsjahres
–	Betriebsvermögen am Ende des vorangegangenen Wirtschaftsjahres
=	Betriebsvermögensänderung
+	Privatentnahmen des Wirtschaftsjahres
–	Privateinlagen des Wirtschaftsjahres
=	**Gewinn/Verlust**

Gewinn- und Verlustkonto

Dies ist ein Unterkonto des Eigenkapitalkontos und ein Sammelkonto für alle Salden der Aufwands- und Ertragskonten.

Der Saldo auf dem GuV-Konto zeigt das Gesamtergebnis eines Unternehmens:
Aufwendungen > Erträge = **Verlust**
Aufwendungen < Erträge = **Gewinn**

Aktiva		Bilanz einer GmbH (in Tausend €)	Passiva	
A. Anlagevermögen		**A. Eigenkapital**		
I. Sachanlagen		I. Gezeichn. Kapital	407	
1. Grundst.,		II. Gewinnrücklagen	20	
Gebäude	280	III. Jahresüberschuss	60	
2. Fuhrpark	80			
3. BuGA	75	**B. Rückstellungen**		
		I. Pensionsrück-		
B. Umlaufvermögen		stellungen	34	
I. Vorräte	120	II. Sonst. Rück-		
II. Forderungen	244	stellungen	12	
III. Kasse,				
Bankguthaben	68	**C. Verbindlichkeiten**		
		I. Verb. bei Kreditinst.		
C. Aktive RAP	8	Langfristig	180	
		Kurzfristig	40	
		II. Verbindl. a. LL	110	
		D. Passive RAP	12	
Bilanzsumme	875	Bilanzsumme	875	

Es gilt:
◆ Aktiva = Passiva
◆ Anlagevermögen + Umlaufvermögen = Eigenkapital + Fremdkapital
◆ Eigenkapital = Vermögen – Schulden

Die Gliederung der Gewinn- und Verlustrechnung ergibt sich aus §275 Abs. 2 und 3 HGB.

Gesamtkostenverfahren	Umsatzkostenverfahren
1. Umsatzerlöse	1. Umsatzerlöse
2. Erhöhung oder Verminderung des Bestands zu fertigen und unfertigen Erzeugnissen	2. Herstellungskosten der zur Erzielung der Umsatzerlöse erbrachten Leistungen
3. andere aktivierte Eigenleistungen	3. Brutto-Ergebnis vom Umsatz
4. sonstige betriebliche Erträge	4. Vertriebskosten
5. Materialaufwand	5. allgemeine Verwaltungskosten
6. Personalaufwand	6. sonstige betriebliche Erträge
7. Abschreibungen	7. sonstige betriebliche Aufwendungen
8. sonstige betriebliche Aufwendungen	8. Erträge aus Beteiligungen
9. Erträge aus Beteiligungen	9. Erträge aus anderen Wertpapieren und Ausleihungen des Finanzanlagevermögens
10. Erträge aus anderen Wertpapieren und Ausleihungen des Finanzanlagevermögens	10. sonstige Zinsen und ähnliche Erträge
11. sonstige Zinsen und ähnliche Erträge	11. Abschreibungen auf Finanzanlagen und auf Wertpapiere des Umlaufvermögens
12. Abschreibungen auf Finanzanlagen und auf Wertpapiere des Umlaufvermögens	12. Zinsen und ähnliche Aufwendungen
13. Zinsen und ähnliche Aufwendungen	13. Ergebnis der gewöhnlichen Geschäftätigkeit
14. Ergebnis der gewöhnlichen Geschäftätigkeit	14. außerordentliche Erträge
15. außerordentliche Erträge	15. außerordentliche Aufwendungen
16. außerordentliche Aufwendungen	16. außerordentliches Ergebnis
17. außerordentliches Ergebnis	17. Steuern vom Einkommen und vom Ertrag
18. Steuern vom Einkommen und vom Ertrag	18. sonstige Steuern
19. sonstige Steuern	19. Jahresüberschuss/Jahresfehlbetrag
20. Jahresüberschuss/Jahresfehlbetrag	

2.2 Buchungsregeln

Buchungsregeln auf den Bestandskonten: Aktiv- und Passivkonten (Bestandskonten zeigen die Bestände an Vermögen, Schulden und Eigenkapital)

Aktiva		Bilanz		Passiva
Soll	**Aktivkonten** Haben		**Soll**	**Passivkonten** Haben
Anfangs-bestand	Minderung		Minderung	Anfangs-bestand
Mehrung	Saldo (Endbestand)		Saldo (Endbestand)	Mehrung

Buchungsregeln auf den Erfolgskonten: Aufwands- und Ertragskonten

Alle Aufwendungen und alle Erträge verändern das Eigenkapital und deshalb wird auf den Erfolgskonten wie auf dem EK-Konto gebucht.

Das Eigenkapitalkonto ist ein passives Bestandskonto:

Aktiva	Eigenkapital	Passiva
Minderungen (Aufwendungen, Verlust) **Endbestand** (Saldo)		**Anfangsbestand Mehrungen** (Erträge, Gewinn)

Aufwendungen werden immer im Soll gebucht (Eigenkapitalminderung), Erträge werden immer im Haben gebucht (Eigenkapitalmehrung).

Soll	**GuV-Konten**		Haben

S	**Aufwandskonten**	H	S	**Ertragskonten**	H
Aufwendungen		Saldo	Saldo		Erträge
	Gewinn			**Verlust**	

Sie werden im Jahresabschluss über ein GuV-Konto abge-schlossen, welches dann seinen Saldo an das Eigenkapital-konto abgibt.

Der Buchungssatz lautet: Soll an Haben.

Soll an Haben

Beispiel für die Bildung eines Buchungssatzes:
Kauf eines Pkw auf Ziel: 24.000,00 €

◆ Welche Konten werden berührt?
  – Fuhrpark
  – Verbindlichkeiten aus Lieferung und Leistung
◆ Sind es aktive bzw. passive Konten oder Erfolgskonten?
  – Fuhrpark: Aktivkonto
  – Verb. a. LL: Passivkonto
◆ Wo wird es im Soll und wo wird es im Haben gebucht?
  – Fuhrpark: Aktivkonto, Mehrung im „Soll"
  – Verb. a. LL: Passivkonto, Mehrung im „Haben"
◆ Wie lautet der Buchungssatz? (Zuerst das Konto im Soll an das Konto im Haben)

Fuhrpark an Verb. a. LL 24.000,00 €

2.3 Abschreibungen (AfA = Absetzung für Abnutzung)

Abschreibungen stellen den Wertverzehr für materielle und immaterielle Gegenstände des Anlagevermögens im Unternehmen dar und werden in der Finanzbuchhaltung als Aufwand gebucht, in der Kosten- und Leistungsrechnung stellen sie Kosten dar.

	Lineare AfA	Degressive AfA
Berechnung der AfA-Beträge	Während der gesamten Nutzungsdauer ein Prozentsatz von den Anschaffungskosten	Im ersten Jahr ein Prozentsatz von den Anschaffungskosten, in Folgejahren ein Prozentsatz vom Restbuchwert
Ermittlung des AfA-Prozentsatzes bzw. des AfA-Betrages	$\dfrac{100\,\%}{\text{Nutzungsdauer}}$ oder $\dfrac{\text{Anschaffungskosten in €}}{\text{Nutzungsdauer}}$	Das Dreifache des linearen Satzes, aber maximal 30 % (Nicht mehr gültig für alle Wirtschaftsgüter, die nach dem 31.12.07 angeschafft worden sind.)
Abschreibungsbeträge	Das Anlagegut wird mit gleich bleibenden Beträgen abgeschrieben bis auf den Erinnerungswert von 1,00 €.	Das Anlagegut wird mit immer kleiner werdenden Beträgen abgeschrieben und der Nullwert wird nie erreicht. Der Wechsel zur linearen AfA wird dann vorgenommen, wenn die neu errechnete lineare AfA (Restbuchwert/ Restnutzungsdauer) größer ist als die fortgeführte degressive AfA.

Die Formel für die Ermittlung des günstigsten Jahres für den Übergang von der degressiven zur linearen AfA:

$$i = n - \frac{100}{p} + 1$$

i = Übergangsjahr
n = Nutzungsdauer
p = degressiver AfA-Satz

Die Abschreibung nach Leistung erfolgt nach der tatsächlichen Inanspruchnahme des Wirtschaftsgutes. Voraussetzung:
◆ die Gesamtleistung muss bekannt sein oder geschätzt werden,
◆ die jährliche Leistung muss nachgewiesen werden.

Eine Anlage, deren Anschaffungskosten 220.000,00 € betrugen, hat eine geschätzte Nutzungsdauer von 22.000 Betriebsstunden. Die Abschreibung erfolgt nach der tatsächlichen Inanspruchnahme der Anlage: im ersten Jahr 4.000 Stunden, im zweiten Jahr 3.800 Stunden und im dritten Jahr 3.900 Stunden.

Lösung:
1. Abschreibung pro Leistung:
   220.000,00 € / 22.000 Stunden = 10,00 €/Std.

2. Abschreibung in den einzelnen Jahren:
   1. Jahr 4.000 Std. · 10,00 €/Std. = 40.000,00 €
   2. Jahr 3.800 Std. · 10,00 €/Std. = 38.000,00 €
   3. Jahr 3.900 Std. · 10,00 €/Std. = 39.000,00 €

3. Restbuchwert nach dem 3. Nutzungsjahr:
   220.000,00 € – (40.000,00 € + 38.000,00 € + 39.000,00 €)
   = 103.000,00 €

3 Jahresabschluss-analyse

Entwicklung des Unternehmens

Betriebliche Kennzahlen spiegeln das Geschehen im Unternehmen. Sie liefern wichtige Informationen über die Entwicklung des Unternehmens und ermöglichen folgende Analysen:

◆ Zeitvergleich: innerbetriebliche Betrachtung der eigenen Kennzahlen aus unterschiedlichen Perioden; liefert Informationen über die betriebliche Entwicklung über mehrere Perioden.

◆ Betriebsvergleich: Betrachtung der branchenüblichen Kennzahlen; liefert Informationen über die eigene Position auf dem Markt im Vergleich zur Konkurrenz.

◆ Soll-Ist-Vergleich: Betrachtung der Kennzahlen aus der Sicht des Controllers; liefert Informationen über die Abweichungen der tatsächlichen Zahlen von den geplanten Größen.

3.1 Vermögensstruktur

Diese Kennzahlen können im zeitlichen und überbetrieblichen Vergleich die Auffälligkeiten in der Vermögensbildung aufdecken.

Anlagenintensität

Die Anlagenintensität gibt an, wie hoch der Anteil des Anlagevermögens am Gesamtvermögen ist.

$$\text{Anlagenintensität} = \frac{\text{Anlagevermögen}}{\text{Gesamtvermögen}} \cdot 100$$

Eine zu hohe Anlagenintensität kann negativ sein, da das Anlagevermögen bei Zahlungsschwierigkeiten nur schwer veräußert werden kann, um den Zahlungsengpass zu überbrücken.

Auch zu geringe Anlagenintensität kann negativ sein, da in diesem Fall das Unternehmen überwiegend mit alten, bereits stark abgeschriebenen Anlagen arbeitet.

Die Anlagenintensität ist von der jeweiligen Branche abhängig. Es gilt:

> Je höher die Anlagenintensität, desto größer muss der Anteil des Eigenkapitals und langfristigen Fremdkapitals am Gesamtkapital sein.

Umlaufintensität

Die Umlaufintensität zeigt das Verhältnis des Umlaufvermögens zum Gesamtvermögen.

$$\text{Umlaufintensität} = \frac{\text{Umlaufvermögen}}{\text{Gesamtvermögen}} \cdot 100$$

Je höher dieser Wert ist, desto flexibler kann das Unternehmen im Hinblick auf Veränderungen des Marktes agieren.

Ausgeprägte Umlaufintensität bei materialintensiven Branchen kann auf einen zu hohen Lagerbestand bzw. zu hohen Forderungsbestand hindeuten.

Vermögenskonstitution

Die Vermögenskonstitution zeigt das Verhältnis des Anlagevermögens zum Umlaufvermögen.

$$\text{Vermögenskonstitution} = \frac{\text{Anlagevermögen}}{\text{Umlaufvermögen}} \cdot 100$$

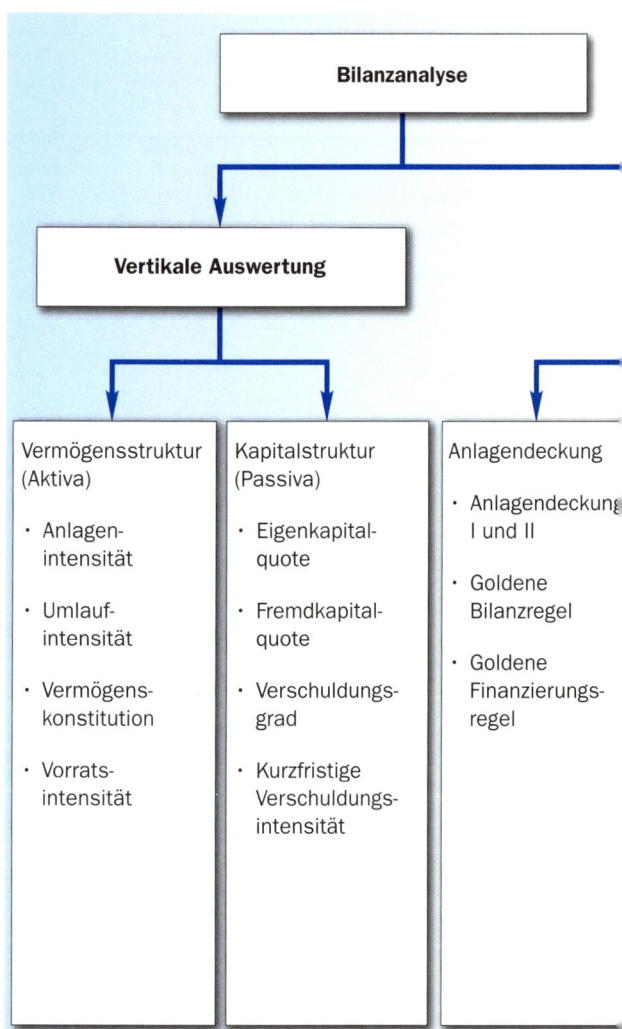

Bilanzanalyse

Vertikale Auswertung

Vermögensstruktur (Aktiva)

- Anlagen-intensität
- Umlauf-intensität
- Vermögens-konstitution
- Vorrats-intensität

Kapitalstruktur (Passiva)

- Eigenkapital-quote
- Fremdkapital-quote
- Verschuldungs-grad
- Kurzfristige Verschuldungs-intensität

Anlagendeckung

- Anlagendeckung I und II
- Goldene Bilanzregel
- Goldene Finanzierungs-regel

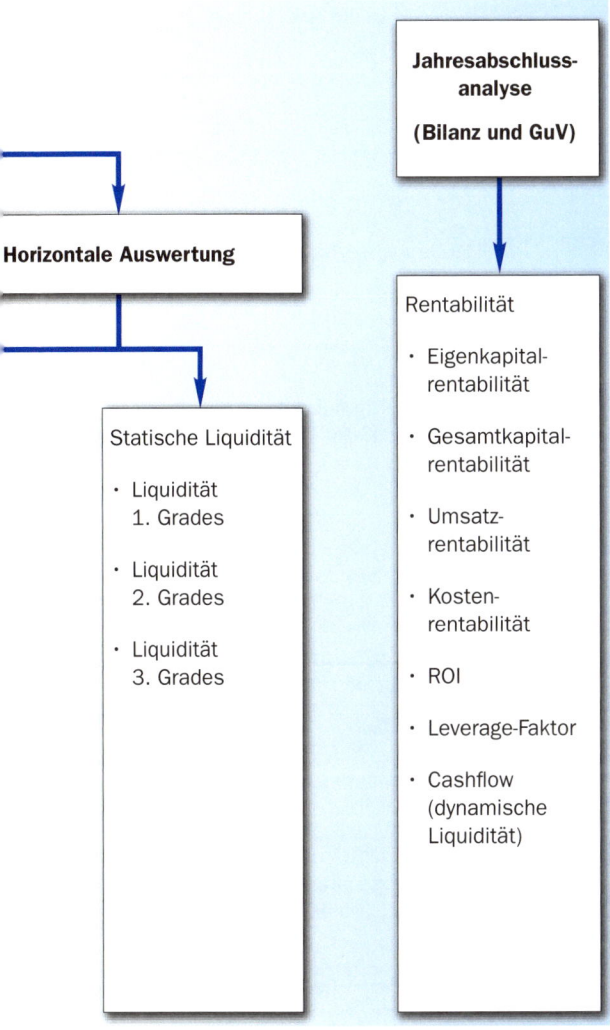

Jahresabschluss-
analyse

(Bilanz und GuV)

Horizontale Auswertung

Rentabilität

· Eigenkapital-
rentabilität

· Gesamtkapital-
rentabilität

· Umsatz-
rentabilität

· Kosten-
rentabilität

· ROI

· Leverage-Faktor

· Cashflow
(dynamische
Liquidität)

Statische Liquidität

· Liquidität
1. Grades

· Liquidität
2. Grades

· Liquidität
3. Grades

Industriebetriebe sind in der Regel anlageintensiv, Handelsbetriebe sind im Allgemeinen umlaufintensiv.

Vorratsintensität

Die Vorratsintensität zeigt das Verhältnis des Vorratsvermögens zum Gesamtvermögen.

$$\text{Vorratsintensität} = \frac{\text{Vorräte}}{\text{Gesamtvermögen}} \cdot 100$$

3.2 Kapitalstruktur

Die Kennzahlen der Kapitalstruktur zeigen die bilanzielle Zusammensetzung des Kapitals eines Unternehmens.

Eigenkapitalquote

Die Eigenkapitalquote gibt an, wie hoch der Anteil des Eigenkapitals am Gesamtkapital ist. Sie wird zur Beurteilung der Kapitalkraft des Unternehmens herangezogen.

$$\text{Eigenkapitalquote} = \frac{\text{Eigenkapital}}{\text{Gesamtkapital}} \cdot 100$$

Fremdkapitalquote

Die Fremdkapitalquote gibt an, wie hoch der Anteil des Fremdkapitals am Gesamtkapital ist. Diese Bonitätsgröße ist von Unternehmensart, Branche und der wirtschaftlichen Lage eines Unternehmens abhängig.

$$\frac{\text{Fremdkapitalquote}}{\text{(Anspannungskoeffizient)}} = \frac{\text{Fremdkapital}}{\text{Gesamtkapital}} \cdot 100$$

Verschuldungsgrad

Der Verschuldungsgrad zeigt das Verhältnis von Fremd-kapital zu Eigenkapital. Je kleiner der Verschuldungsgrad, desto kreditwürdiger ist das Unternehmen.

$$\text{Verschuldungsgrad} = \frac{\text{Fremdkapital}}{\text{Eigenkapital}} \cdot 100$$

Kurzfristige Verschuldungsintensität

Die kurzfristige Verschuldungsintensität gibt das Kapital-entzugsrisiko an, indem sie das kurzfristige Fremdkapital zum gesamten Fremdkapital ins Verhältnis setzt.

$$\text{Kurzfristige Verschuldungsintensität} = \frac{\text{Kurzfristiges Fremdkapital}}{\text{Fremdkapital}}$$

3.3 Anlagendeckung

Anlagendeckung I

Die Anlagendeckung I zeigt die Solidität der Finanzierung, d.h., sie zeigt, wie groß der Anteil des Anlagevermögens ist, der mit Eigenkapital finanziert worden ist.

$$\text{Anlagendeckung I} = \frac{\text{Eigenkapital}}{\text{Anlagevermögen}} \cdot 100$$

Anlagendeckung II

Die Anlagendeckung II zeigt, zu welchem Prozentsatz das Anlagevermögen langfristig finanziert worden ist (durch Eigenkapital und langfristiges Fremdkapital).

$$\text{Anlagendeckung II} = \frac{\text{Eigenkapital + langfristiges Fremdkapital}}{\text{Anlagevermögen}} \cdot 100$$

Horizontale Finanzierungsregeln

Goldene Bilanzregel

Das Anlagevermögen soll möglichst durch das Eigenkapital und langfristiges Fremdkapital gedeckt sein.

◆   Im engeren Sinne: Anlagendeckung I ≥ 1
◆   Im weiteren Sinne: Anlagendeckung II ≥ 1

Goldene Finanzierungsregel

Das kurzfristige Vermögen soll durch das kurzfristige Kapital gedeckt sein.

$$\frac{\text{kurzfristiges Vermögen}}{\text{kurzfristiges Kapital}} \leq 1$$

Das langfristige Vermögen soll möglichst durch das langfristige Kapital gedeckt sein.

$$\frac{\text{langfristiges Vermögen}}{\text{langfristiges Kapital}} \leq 1$$

Vertikale Finanzierungsregeln

1:1-Regel

$$\frac{\text{Fremdkapital}}{\text{Eigenkapital}} \leq 1$$

Diese gilt bei den Kreditinstituten als „erstrebenswerte" Relation.

2:1-Regel

$$\frac{\text{Fremdkapital}}{\text{Eigenkapital}} \leq 2$$

Bei den Kreditinstituten gilt sie als „gesunde" Relation.

3:1-Regel

$$\frac{\text{Fremdkapital}}{\text{Eigenkapital}} \leq 3$$

Bei den Kreditinstituten gilt sie als „noch zulässige" Relation.

Um eine Aussage über die Bonität bzw. Kreditwürdigkeit eines Unternehmens zu machen, untersuchen die Kreditinstitute seine Finanzierungsstruktur anhand von: Eigenkapitalquote, Anspannungskoeffizient und Verschuldungskoeffizient.

3.4 Liquidität

Die Liquidität eines Unternehmens zeigt seine Zahlungsfähigkeit. Die Kennzahlen der Liquidität sind zeitpunktbezogen (Bilanzstichtag) und haben somit relativ geringe Aussagekraft, da sich die Liquidität eines Unternehmens kurzfristig verändern kann. Diese statische Liquidität beschreibt das Verhältnis der liquiden Mittel zu den kurzfristigen Verbindlichkeiten.

Man unterscheidet drei Stufen der Liquidität:

◆ Liquidität 1. Grades (Barliquidität): Sie gibt darüber Auskunft, ob die baren Mittel (Bargeld, Bank- und Postbankguthaben) ausreichen, um sofort fällige Verbindlichkeiten zu begleichen; sie sollte mindestens 20% betragen.

$$\text{Liquidität 1. Grades} = \frac{\text{flüssige Mittel}}{\text{kurzfristiges Fremdkapital}} \cdot 100$$

◆ Liquidität 2. Grades: Sie gibt an, wie hoch der Anteil der Forderungen und der flüssigen Mittel an dem kurzfristigen Fremdkapital ist. Eine Liquidität 2. Grades in Höhe von 60% sagt aus, dass 60% der kurzfristigen Verbindlichkeiten durch flüssige Mittel und Kundenforderungen gedeckt sind; sie sollte 100–120% betragen.

$$\text{Liquidität 2. Grades} = \frac{\text{flüssige Mittel + Forderungen}}{\text{kurzfristiges Fremdkapital}} \cdot 100$$

Liquidität 3. Grades: Sie gibt an, zu welchem Anteil das kurzfristige Fremdkapital durch das Umlaufvermögen gedeckt ist; sie sollte zwischen 140 und 180 % betragen.

> Eine Liquidität 3. Grades in Höhe von 65 % sagt aus, dass nur 65 % der kurz- und mittelfristigen Verbindlichkeiten durch das Umlaufvermögen gedeckt sind.

$$\text{Liquidität 3. Grades} = \frac{\text{Umlaufvermögen}}{\text{kurzfristiges Fremdkapital}} \cdot 100$$

3.5 Rentabilität und Wirtschaftlichkeit

Im Gegensatz zur Produktivität werden bei der Wirtschaftlichkeit Ausbringungsmenge und Einsatzmengen bewertet – mit Fest-, Durchschnitts- oder Marktpreisen. Die Wirtschaftlichkeit ist eine Erfolgsmesszahl, die das Verhältnis zwischen Leistungen und Kosten zeigt: Leistung als Ausbringungsmenge in € und Kosten in € als Verzehr von wirtschaftlichen Gütern zur Erbringung der Leistung.

$$\text{Wirtschaftlichkeit} = \frac{\text{Leistungen (bzw. Ertrag)}}{\text{Kosten (bzw. Aufwand)}} \cdot 100$$

Die Wirtschaftlichkeit gibt prozentual an, wie viel Ertrag (Output) auf eine eingesetzte Einheit Aufwand (Input) entfällt.

Die Rentabilitätsberechnung zeigt die effektive (tatsächliche) Verzinsung des eingesetzten Kapitals.
Abhängig davon, zu welcher Bezugsgröße der Reingewinn ins Verhältnis gebracht wird, kann man die Eigenkapital-, Gesamtkapital-, Umsatz- und Kostenrentabilität ermitteln, außerdem den Return on Investment.

Eigenkapitalrentabilität

Die Eigenkapitalrentabilität ist das Verhältnis des Reingewinnes einer Periode zum Eigenkapital. Diese Kennzahl sollte mindestens dem marktüblichen Zinssatz für eine langfristige Kapitalanlage entsprechen.

$$\text{Eigenkapitalrentabilität} = \frac{\text{Reingewinn}}{\text{Eigenkapital}} \cdot 100$$

Gesamtkapitalrentabilität

Die Gesamtkapitalrentabilität ist das Verhältnis des Reingewinnes zuzüglich der Fremdkapitalzinsen einer Periode zum Gesamtkapital.

$$\text{Gesamtkapitalrentabilität} = \frac{\text{Reingewinn} + \text{Fremdkapitalzinsen}}{\text{Gesamtkapital}} \cdot 100$$

Netto-Umsatzrentabilität

Die Netto-Umsatzrentabilität (Return on Sales, ROS) drückt das Verhältnis vom Reingewinn einer Periode zum Umsatz des Unternehmens aus. Sie zeigt die markt- und kostenbezogene Erfolgskraft des Unternehmens.

$$\text{Netto-Umsatzrentabilität} = \frac{\text{Reingewinn}}{\text{Umsatz}} \cdot 100$$

Brutto-Umsatzrentabilität

Die Brutto-Umsatzrentabilität drückt das Verhältnis vom Reingewinn zuzüglich der Fremdkapitalzinsen einer Periode zum Umsatz des Unternehmens aus.

$$\text{Brutto-Umsatzrentabilität} = \frac{\text{Reingewinn} + \text{Fremdkapitalzinsen}}{\text{Umsatz}} \cdot 100$$

Return on Investment (ROI)

Return on Investment setzt den Gewinn ins Verhältnis zum Gesamtkapital und ermittelt den Rückfluss des eingesetzten Kapitals. Der ROI verknüpft die Umsatzrendite mit der Kapitalumschlaghäufigkeit, wobei gilt:

◆ Je kleiner der Umsatz und je größer der Gewinn, desto höher ist die Umsatzrentabilität,

◆ je größer der Umsatz und je kleiner der Gewinn, desto höher ist die Kapitalumschlaghäufigkeit.

$$\text{ROI} = \text{Umsatzrentabilität} \cdot \text{Kapitalumschlaghäufigkeit} \cdot 100$$

oder

$$\text{ROI} = \frac{\text{Gewinn}}{\text{Umsatzerlöse}} \cdot \frac{\text{Umsatzerlöse}}{\text{Gesamtkapital}} \cdot 100$$

oder

$$\text{ROI} = \frac{\text{Gewinn}}{\text{Gesamtkapital}} \cdot 100$$

Leverage-Effekt

Der Leverage-Effekt zeigt die Erhöhung der Eigenkapitalrentabilität durch die Aufnahme von Fremdkapital. Man spricht von einer Hebelwirkung. Durch die Aufnahme des Fremdkapitals kommt es zu einer höheren Eigenkapitalrentabilität. Die Kennzahl gibt den Grad der Hebelwirkung an, die Kennzahl 3 besagt z.B. eine dreifache Wirkung auf das Eigenkapital. Sollten die Zinsen für Fremdkapital steigen und/oder die Gesamtrendite sinken, so kann die Hebelwirkung umgekehrt sein.

$$\text{Leverage-Faktor} = \frac{\text{Eigenkapitalrendite}}{\text{Gesamtkapitalrendite}} \cdot 100$$

$$\text{Leverage-Faktor} = \frac{\text{Gewinn}}{\text{Eigenkapital}} \cdot \frac{\text{Gesamtkapital}}{\text{Gewinn} + \text{Fremdkapitalzinsen}}$$

Return on Equity (ROE)

Der ROE (Return on Equity) zeigt das Verhältnis des Gewinnes zum Eigenkapital zuzüglich der eigenkapitalähnlichen Mittel, z.B. Rücklagen.

$$\text{ROE} = \frac{\text{Gewinn}}{\text{Eigenkapital + eigenkapitalähnliche Mittel}} \cdot 100$$

Betriebskapitalrentabilität (ROCE)

Die Betriebskapitalrentabilität (Return on Capital Employed, ROCE) zeigt die Rendite, die durch den eigentlichen Leistungserstellungsprozess erzielt wird. Das nicht betriebsnotwendige Vermögen (Wertpapiere, stillgelegte Anlagen) ist vom Gesamtkapital abzuziehen.

$$\text{Betriebskapitalrentabilität (ROCE)} = \frac{\text{Gewinn}}{\text{betriebsnotwendiges Kapital}} \cdot 100$$

Rohertrag

Der Rohertrag ist die Differenz zwischen dem Umsatz und dem Wareneinsatz. Er enthält alle Handlungskosten.

$$\text{Rohertrag} = \text{Umsatz} - \text{Wareneinsatz (€)}$$

Cashflow-Kapitalrentabilität

Die Cashflow-Kapitalrentabilität zeigt den Liquiditätsrückfluss des investierten Kapitals.

$$\text{Cashflow-Kapitalrentabilität} = \frac{\text{Cashflow}}{\text{Gesamtkapital}} \cdot 100$$

3.6 Aufbereitete Bilanz und ihre Kennzahlen

Um die Bilanzanalyse durchzuführen, die Kennzahlen zu bilden und das Ergebnis zu interpretieren, müssen zuerst die Daten der Bilanz verdichtet werden. Daraus entsteht die aufbereitete Bilanz mit gruppierten Posten.

Aktiva	Bilanz einer GmbH (in Tausend €)	Passiva
A. Anlagevermögen		**A. Eigenkapital**	
I. Sachanlagen		I. Gezeichn. Kapital	407
1. Grundst.,		II. Gewinnrücklagen	20
Gebäude	280	III. Jahresüberschuss	60
2. Fuhrpark	80		
3. BuGA	75	**B. Rückstellungen**	
II. Finanzanlagen		I. Pensionsrück-	
		stellungen	34
B. Umlaufvermögen		II. Sonst. Rück-	
I. Vorräte	120	stellungen	12
II. Forderungen	244		
III. Kasse,		**C. Verbindlichkeiten**	
Bankguthaben	68	I. Verb. bei Kreditinst.	
		Langfristig	180
C. Aktive RAP	8	Kurzfristig	40
		II. Verbindl. a. LL	110
		D. Passive RAP	12
Bilanzsumme	875	Bilanzsumme	875

Zusatzangaben:
- Über den Jahresüberschuss wird erst in der Gesellschafterversammlung entschieden.
- Aus der Gewinn- und Verlustrechnung stammen folgende Daten: Fremdkapitalzinsen 22.000,00 €, Umsatzerlöse 1.800.000,00 €.

Für die Bildung der Kennzahlen wird die vorgegebene Bilanz, wie folgt, aufbereitet:

◆ Kurzfristige Forderungen: Forderungen 244 T € + ARAP 8 T € = 252 T €
◆ Eigenkapital: Gezeichnetes Kapital 407 T € + Gewinnrücklagen 20 T € + Gewinn 60 T € = 487 T €
◆ Langfristige Verbindlichkeiten: Pensionsrückstellungen 34 T € + Langfristige Verbindlichkeiten bei Kreditinstituten 180 T € = 214 T €
◆ Kurzfristige Verbindlichkeiten: Sonst. Rückstellungen 12 T € + Kurzfristige Verbindlichkeiten bei Kreditinstituten 40 T € + Verb. a. LL 110 T € + PRAP 12 T € = 174 T €.

Aktiva	Aufbereitete Bilanz einer GmbH (in T €)		Passiva
A. Anlagevermögen	**435**	**A. Eigenkapital**	**427**
		Gewinn	60
B. Umlaufvermögen		**B. Fremdkapital**	
I. Vorräte	120	I. Langfristig	214
II. Forderungen	252	II. Kurzfristig	174
III. Liquide Mittel	68		
Bilanzsumme	875	Bilanzsumme	875

Kennzahlen der Vermögensstruktur:

Anlagenintensität $= \dfrac{435}{875} \cdot 100 = 49{,}71\,\%$

Umlaufintensität $= \dfrac{440}{875} \cdot 100 = 50{,}29\,\%$

$$\text{Vermögenskonstitution} = \frac{435}{440} \cdot 100 = 98{,}86\,\%$$

$$\text{Vorratsintensität} = \frac{120}{875} \cdot 100 = 13{,}71\,\%$$

Kennzahlen der Kapitalstruktur:

$$\text{Eigenkapitalquote} = \frac{427}{875} \cdot 100 = 48{,}80\,\%$$

$$\text{Fremdkapitalquote} = \frac{214 + 174}{875} \cdot 100 = 44{,}34\,\%$$

$$\text{Verschuldungsgrad} = \frac{388}{427} \cdot 100 = 90{,}87\,\%$$

Kennzahlen der Zahlungsbereitschaft:

$$\text{Liquidität 1. Grades} = \frac{68}{174} \cdot 100 = 39{,}08\,\%$$

$$\text{Liquidität 2. Grades} = \frac{252 + 68}{174} \cdot 100 = 183{,}91\,\%$$

$$\text{Liquidität 3. Grades} = \frac{120 + 252 + 68}{174} \cdot 100 = 252{,}87\,\%$$

Kennzahlen der Ertragskraft:

$$\text{Eigenkapitalrentabilität} = \frac{60}{427} \cdot 100 = 14{,}05\,\%$$

$$\text{Gesamtkapitalrentabilität} = \frac{60 + 22}{815} \cdot 100 = 10{,}06\,\%$$

$$\text{Umsatzrentabilität} = \frac{60}{1.800} \cdot 100 = 3{,}33\,\%$$

$$\text{ROI} = \frac{60}{1.800} \cdot \frac{1.800}{875} \cdot 100 = 6{,}86\,\%$$

3.7 Cashflow, Working Capital

Der Cashflow ist ein Indikator für die Finanzkraft eines Unternehmens. Er zeigt die Höhe des Geldes, das dem Unternehmen zur Verfügung steht, um aus eigener Kraft Investitionen zu tätigen, Steuern zu bezahlen und Schulden zu tilgen.
Diese dynamische Liquiditätskennzahl lässt die Beurteilung der zukünftigen Ertragskraft des Unternehmens zu.

Um die Höhe des Geldes zu ermitteln, werden dem Gesamtergebnis aus der Gewinn- und Verlustrechnung die Abschreibungen und die Zuweisungen zu den langfristigen Rückstellungen zugerechnet.

Direkte Methode:

	zahlungswirksame Erträge
–	zahlungswirksame Aufwendungen
=	**Cashflow**

Indirekte Methode:

	Bilanzgewinn
+	Zuführung zu den Rücklagen
(–	Auflösung von Rücklagen)
–	Gewinnvortrag aus der Vorperiode
(+	Verlustvortrag aus der Vorperiode)
=	Jahresüberschuss
+	Abschreibungen
(–	Zuschreibungen)
+	Erhöhung der langfristigen Rückstellungen
(–	Verminderung der langfristigen Rückstellungen)
=	**Cashflow**

Das Working Capital ist der Unterschiedsbetrag zwischen Umlaufvermögen und den kurzfristigen Verbindlichkeiten eines Unternehmens.
Es ist eine finanzwirtschaftliche Kennzahl, die dem Ausgleich kurzfristiger Schwankungen des Finanzbedarfs dient.

$$
\begin{array}{r}
\text{Umlaufvermögen} \\
-\ \text{kurzfristige Verbindlichkeiten} \\
\hline
=\ \text{Working Capital}
\end{array}
$$

Die Tilgungsbereitschaft zeigt das Verhältnis vom Cashflow zum langfristigen Fremdkapital.

$$
\text{Tilgungsbereitschaft} = \frac{\text{Cashflow}}{\text{langfristiges Fremdkapital}} \cdot 100
$$

3.8 Wertorientierte Kennzahlen

Die Shareholder-Value-Analyse (Wertsteigerungsanalyse) ist ein Instrument der strategischen Unternehmensführung. Die Shareholder-Value-Analyse betrachtet ein Unternehmen nicht nach dessen buchhalterischer Tragfähigkeit, sondern nach seiner wirtschaftlichen Wertschöpfung.

EVA (Economic Value Added) nach Stern/Stewart

Der EVA (Economic Value Added) stellt einen absoluten Wert dar. Er gibt an, wie hoch die Wertsteigerung einer Investition, eines Projekts oder eines Geschäftsbereichs ist.
Für die Anteilseigner entsteht nur dann ein Wert, wenn der EVA positiv ist. Ein negativer EVA stellt eine Wertvernichtung dar. Der EVA eignet sich zur Bemessung der leistungsabhängigen Bezahlung von Managern.

EVA = eingesetztes Kapital · Spread
Spread = erreichte Rendite – geforderte Rendite (%)
Erreichte Rendite = ROI oder ROCE
Geforderte Rendite = WACC

MVA (Market Value Added)

Der MVA zeigt die Differenz zwischen dem Marktwert und dem Geschäftsvermögen eines Unternehmens. Diese Kennzahl soll den Aktionären offenlegen, wie sehr ein Unternehmen seit seinem Bestehen aktionärsorientiert gehandelt hat.

MVA = Marktwert eines Unternehmens
      – Geschäftsvermögen eines Unternehmens (€)

DFCF-Methode (Discounted-free-Cashflow-Methode)

Die DFCF-Methode ist ein Unternehmensbewertungsverfahren, das auf der modernen Kapitalmarkttheorie basiert. Mit dieser Methode wird der ökonomische Wert eines Unternehmens bestimmt. Die DFCF-Methode beurteilt ein Unternehmen danach, ob die erwirtschaftete Barwertsumme der Cashflows größer als null ist.

DFCF-Methode (Discounted-free-Cashflow-Methode):

Barwert der freien Cashflows

+ Barwert des Fortführungswertes

+ Marktwert des nicht betriebsnotwendigen Vermögens

= Brutto-Unternehmenswert (Marktwert des Gesamtkapitals)

– Marktwert des Fremdkapitals

= **Netto-Unternehmenswert**
(Marktwert des Eigenkapitals Shareholder Value)

3.9   Du-Pont-Schema

Das „DuPont System of Financial Control" ist im Jahr 1919 vom amerikanischen Chemie-Konzern „DuPont de Nemours and Co." entwickelt worden und ist das älteste Kennzahlensystem. An der Spitze dieses Systems steht die Ertragsrate des eingesetzten Kapitals:

$$\text{Return on Investment (ROI)} = \text{Umsatzrentabilität} \cdot \text{Kapitalumschlag}$$

Dieses System macht die Maximierung des eingesetzten Kapitals eines Unternehmens zum obersten Ziel der unternehmerischen Handlung.

Auf der Ertrags- und Kostenseite wird der Gewinn durch die Aufteilung der Kosten in fixe und variable Teile ermittelt. Zuerst wird der Deckungsbeitrag, dann der Gewinn errechnet und anschließend wird der Gewinn ins Verhältnis zum Umsatz gesetzt:

$$\text{Deckungsbeitrag} = \text{Umsatz} - \text{variable Kosten}$$

$$\text{Gewinn} = \text{Deckungsbeitrag} - \text{fixe Kosten}$$

$$\text{Umsatzrentabilität} = \frac{\text{Gewinn}}{\text{Umsatz}}$$

Auf der Vermögensseite wird zuerst das Anlagevermögen und Umlaufvermögen ermittelt und dem Kapital gleichgesetzt. Durch das Verhältnis von Umsatz und Kapital wird der Kapitalumschlag errechnet:

$$\text{Anlagevermögen} = \text{Grundstücke, Gebäude} + \text{Maschinen, Werkzeuge}$$

$$\text{Umlaufvermögen} = \frac{\text{Vorräte} + \text{Forderungen, flüssige Mittel,}}{\text{sonst. Umlaufvermögen}}$$

$$\text{Kapital} = \text{Anlagevermögen} + \text{Umlaufvermögen}$$

$$\text{Kapitalumschlag} = \frac{\text{Umsatz}}{\text{Kapital}}$$

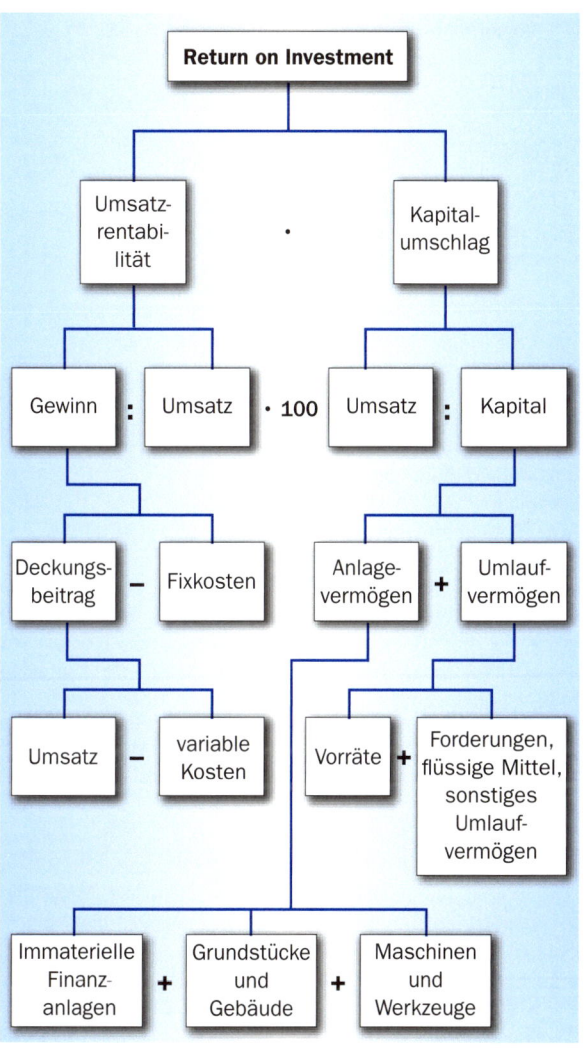

Vorteile des Du-Pont-Schemas	Nachteile des Du-Pont-Schemas
◆ Kennzahlen werden aus den internen Daten erstellt.	◆ Die Betrachtung der Daten erfolgt aus der Vergangenheit.
◆ Sie sind mit anderen Unternehmen vergleichbar.	◆ Auf kurzfristige Rentabilitätsziele ausgerichtet.
	◆ Keine direkte Beurteilung der Produktivität des Unternehmens.

3.10 ZVEI-Kennzahlen

Das Verfahren beinhaltet 88 Haupt- und 122 Hilfskennzahlen. Das auf dem Du-Pont-Schema basierende System ist im Zusammenhang mit dem Bilanzrichtliniengesetz 1989 vom Zentralverband der Elektrotechnik- und Elektronikindustrie überarbeitet und entwickelt worden. Heute wird das ZVEI-Kennzahlensystem auch in anderen Wirtschaftszweigen angewandt.

Es besteht aus folgenden Zahlen:
◆ Bestandszahlen (Risikogrößen), z.B. Personalbestand, Lagerbestand, Auftragsbestand
   Diese Zahlen beschreiben bestimmte Zustände zu einem Zeitpunkt und erfassen betriebliche Risiken. Die Bilanz ist eine Sammlung betriebswirtschaftlicher Bestandszahlen zum Bilanzstichtag mit ihren Risiko- und Sicherheitsfaktoren.
◆ Bewegungszahlen (Ertragsgrößen), z.B. die Summe der Kundenaufträge (Auftragseingang), die Summe der Verkäufe (Umsatz)

Diese Zahlen beschreiben die kumulierten Ereignisse (die Ertragskräfte) in einer Abrechnungsperiode. Dazu gehört die Gewinn- und Verlustrechnung mit den gesamten Erträgen und gesamten Aufwendungen des Unternehmens.

Das System ist offen, weil alle Kennzahlengruppen nach allen Seiten variiert werden können und es kann beliebig gegliedert werden.

Das ZVEI-Kennzahlensystem verwendet sowohl Verhältniszahlen als auch absolute Zahlen. Durch die Flexibilität kann das oberste Unternehmensziel zum Ausgangspunkt der Spitzenkennzahlen gemacht werden, z.B. Eigenkapitalrentabilität, Gesamtkapitalrentabilität, Return on Investment etc.

Die Auswahl der Spitzenkennzahl richtet sich nach der Vorgabe des Hauptziels eines Unternehmens. Alle Kennzahlen in der Kennzahlenpyramide sind miteinander (untereinander) mathematisch verkettet.

4 Kosten- und Leistungsrechnung

Die Kalkulationen der Selbstkosten und des Betriebsergebnisses

4.1 Grundbegriffe

Die Kosten- und Leistungsrechnung ist ein Teil des internen Rechnungswesens. Sie erfasst systematisch und verursachungsgerecht alle anfallenden Kosten einer Abrechnungsperiode. Die vollständigen Kosten werden den Leistungen gegenübergestellt, um das Betriebsergebnis einer Abrechnungsperiode zu ermitteln.

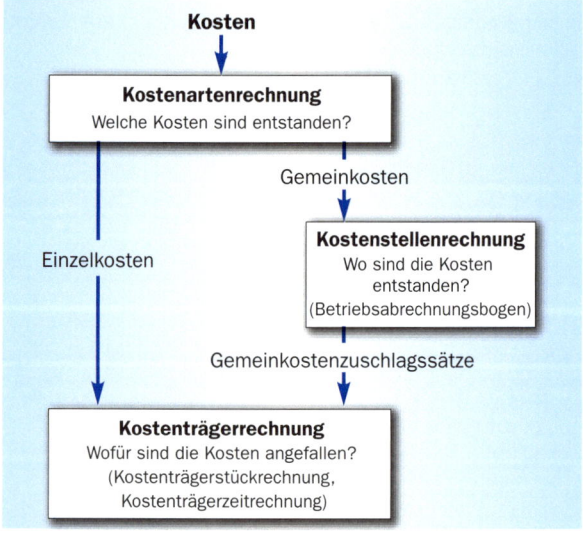

Kosten und ihre Verrechnung

Auszahlungen

Auszahlungen bilden den tatsächlichen Zahlungsmittel-abfluss aus dem Unternehmen (die Minderung der Bank- oder Kassenbestände), z.B. Barentnahmen, geleistete Vorauszahlungen, Barkäufe, gewährte Barkredite.

Einzahlungen

Das sind sämtliche Zuflüsse an Zahlungsmitteln (die Mehrung der Bank- oder Kassenbestände), z.B. Bareinlagen, erhaltene Barkredite, erhaltene Vorauszahlungen, Barverkäufe.

Ausgaben

Hiermit bezeichnet man die Verminderung des Geldvermögens eines Unternehmens, z.B. Kauf auf Ziel (= Mehrung der Verbindlichkeiten).

	Auszahlungen
+	Forderungsabgänge
+	Schuldenzugänge
=	Ausgaben

Einnahmen

Mit Einnahmen bezeichnet man die Mehrung des Geldvermögens eines Unternehmens, z.B. Verkauf auf Ziel (= Mehrung der Forderungen).

	Einzahlungen
+	Forderungszugänge
+	Schuldenabgänge
=	Einnahmen

Aufwendungen

Aufwendungen bedeuten Eigenkapitalminderung. Sie sind der Wertverzehr (an Gütern und Dienstleistungen) eines Unternehmens in einer bestimmten Abrechnungsperiode, z.B. Löhne, Gehälter, Abschreibungen, Mietaufwendungen.

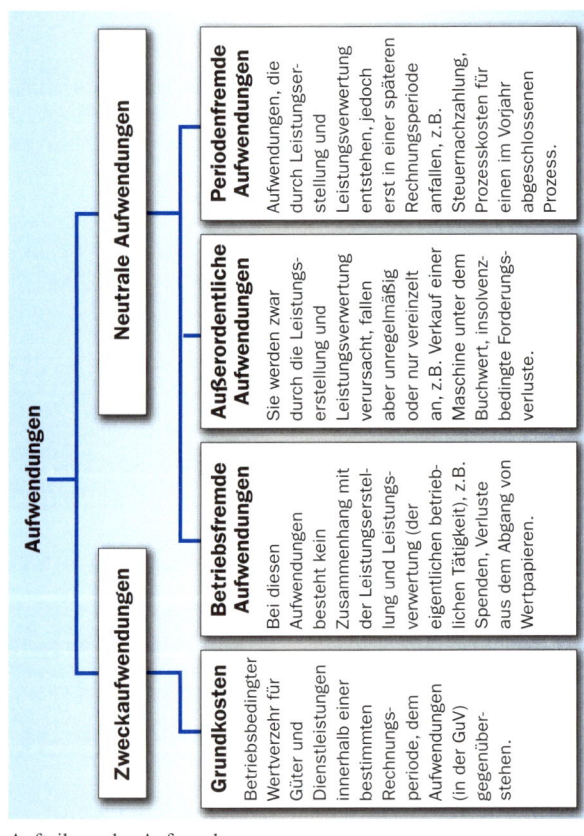

Aufwendungen

Zweckaufwendungen

Grundkosten
Betriebsbedingter Wertverzehr für Güter und Dienstleistungen innerhalb einer bestimmten Rechnungsperiode, dem Aufwendungen (in der GuV) gegenüberstehen.

Neutrale Aufwendungen

Betriebsfremde Aufwendungen
Bei diesen Aufwendungen besteht kein Zusammenhang mit der Leistungserstellung und Leistungsverwertung (der eigentlichen betrieblichen Tätigkeit), z.B. Spenden, Verluste aus dem Abgang von Wertpapieren.

Außerordentliche Aufwendungen
Sie werden zwar durch die Leistungserstellung und Leistungsverwertung verursacht, fallen aber unregelmäßig oder nur vereinzelt an, z.B. Verkauf einer Maschine unter dem Buchwert, insolvenzbedingte Forderungsverluste.

Periodenfremde Aufwendungen
Aufwendungen, die durch Leistungserstellung und Leistungsverwertung entstehen, jedoch erst in einer späteren Rechnungsperiode anfallen, z.B. Steuernachzahlung, Prozesskosten für einen im Vorjahr abgeschlossenen Prozess.

Aufteilung der Aufwendungen

Erträge

Erträge bedeuten Eigenkapitalmehrung. Erträge sind alle Wertzuflüsse eines Unternehmens, die das Eigenkapital erhöhen, z.B. Umsatzerlöse, Mieterträge, Zinserträge.

Kosten

Den bewerteten Wertverzehr einer Periode, der der Erstellung einer betrieblichen Leistung dient, bezeichnet man als Kosten, z.B. Materialkosten, Fertigungskosten, Bestandsminderung, aber auch Aufrechterhaltung der Betriebsbereitschaft.

Leistungen

Leistungen sind der Wert der im betrieblichen Leistungsprozess entstandenen Güter und Dienstleistungen, z.B. Umsatzerlöse, Bestandsmehrung, aktivierte Eigenleistungen.

Kalkulatorische Kosten

Sie werden angesetzt, um die Kostenrechnung von Zufälligkeiten und Unregelmäßigkeiten zu befreien. Hiermit wird auch die Möglichkeit innerbetrieblicher und zwischenbetrieblicher Vergleiche geschaffen.

Zunächst wird hier unterschieden zwischen:
◆ Zusatzkosten: Betriebsbedingter Wertverzehr innerhalb einer bestimmten Rechnungsperiode, dem keine Aufwendungen (in der GuV) gegenüberstehen, z.B. kalkulatorische Miete, kalkulatorischer Unternehmerlohn etc.
◆ Anderskosten: Hierbei handelt es sich um Aufwendungen, die mit einem anderen Betrag als in der Finanzbuchhaltung in die Kostenrechnung übernommen werden (z.B. kalkulatorische AfA).

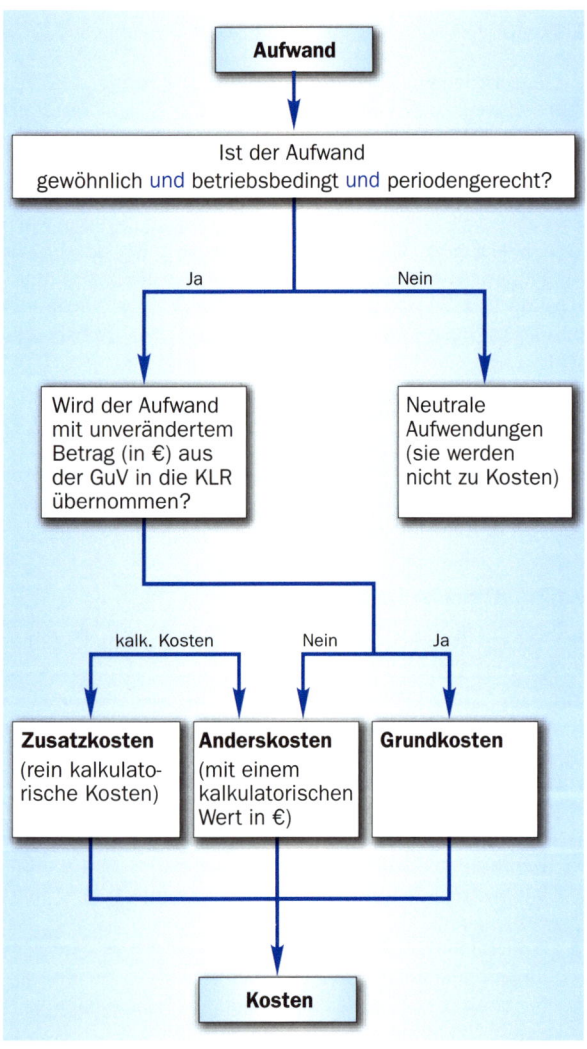

Als kalkulatorische Kosten werden in der betrieblichen Praxis angesetzt:

Kalkulatorische Abschreibungen
- Nicht die Anschaffungskosten (wie in der FiBu), sondern die Wiederbeschaffungskosten bilden die Grundlage für die Berechnung der AfA-Beträge.
- Es wird nicht die betriebliche Nutzungsdauer laut amtlicher AfA-Tabellen zugrunde gelegt, sondern die geschätzte bzw. tatsächliche Dauer der betrieblichen Nutzung.
- Der Liquidationserlös mindert die Wiederbeschaffungskosten.
- Nur die planmäßigen Abschreibungen gehen als Kosten ein.
- In der Regel handelt es sich hier um Anderskosten.

$$\text{Kalkulatorische Abschreibungen} = \frac{\text{Wiederbeschaffungskosten} - \text{Liquidationserlös}}{\text{tatsächliche bzw. geschätzte Nutzungsdauer}}$$

Kalkulatorische Zinsen
- Sie stellen die Verzinsung des betriebsnotwendigen Kapitals dar.
- In der FiBu werden nur die tatsächlichen Aufwendungen für das Fremdkapital erfasst.
- In der KLR wird auch die fiktive Verzinsung des Eigenkapitals erfasst.
- Um die kalkulatorischen Zinsen zu berechnen, muss das betriebsnotwendige Kapital ermittelt werden. Es wird auf der Grundlage der Bilanzwerte errechnet (vgl. Kap. 6 „Finanzierung").

Kalkulatorische Wagnisse
- Ein Wagnis ist eine Verlustgefahr, die dem eingesetzten Kapital droht.

- Der Zeitpunkt der Verluste und ihre Höhe sind nicht vorhersehbar.
- Treten unregelmäßig und in unterschiedlicher Höhe ein.
- In der Kalkulation werden sie mit dem durchschnittlichen Wert aus der Vergangenheit angesetzt.
- Es handelt sich um Zusatzkosten.

Wagnis-Arten

- Gewährleistungswagnis für Garantieverpflichtungen, Nacharbeit, Preisnachlässe, Ersatzlieferungen, Vertragsstrafen
- Fertigungswagnis für Material-, Arbeits- und Konstruktionsfehler, Ausschuss
- Anlagenwagnis für Ausfälle, Wertminderungen, vorzeitiges Nutzungsende von Anlagevermögen
- Entwicklungswagnis für fehlgeschlagene Forschungs- und Entwicklungsarbeiten
- Vertriebswagnis für Forderungsausfälle und Währungsverluste
- Beständewagnis für Schwund, Veraltern, Güteminderung und Entwertung der Vorräte

Kalkulatorischer Unternehmerlohn

- Da mitarbeitende Inhaber eines Einzelunternehmens oder mitarbeitende Gesellschafter einer Personengesellschaft kein Gehalt für ihre dispositive Arbeit erhalten, wird für die Vergleichbarkeit der Kostenrechnung ein kalkulatorischer Lohn angesetzt.
- Der Unternehmerlohn wird durch die Umsätze erwirtschaftet, also muss er als Kosten in die Selbstkosten der Produkte oder Dienstleistungen fließen.
- Zur Bestimmung der Höhe des Betrages können Erfahrungs- und Durchschnittswerte vergleichbarer Führungskräfte herangezogen werden.
- Es handelt sich um Zusatzkosten.

Kalkulatorische Miete

◆ Sie wird für die unentgeltliche Nutzung betrieblicher Räume angesetzt, um die Vergleichbarkeit der Kostenrechnung zu gewährleisten.
◆ Die Höhe der kalkulatorischen Miete richtet sich grundsätzlich nach der ortsüblichen Miete.
◆ Es handelt sich um Zusatzkosten.

Kriterien zur Kostenunterscheidung

Kosten lassen sich nach folgenden Kriterien unterteilen:
◆ Nach der unterschiedlichen Verrechnung der Kosten auf die Kostenträger: Einzel- und Gemeinkosten.
◆ Nach der unterschiedlichen Verrechnung der Kosten im Bezug auf die Beschäftigung (Ausbringungsmenge): fixe und variable Kosten.

4.2 Vollkostenrechnung

Kostenaufteilung in der Vollkostenrechnung	
Einzelkosten	**Gemeinkosten**
Sie können dem einzelnen Kostenträger direkt zugerechnet werden. Beispiele: die Stoffe, das Material sowie die Kosten für die Be- und Verarbeitung von Produkten oder auch Kosten einer Dienstleistung, die einem einzelnen Auftrag direkt zugerechnet werden kann.	Sie können nicht unmittelbar dem Kostenträger zugerechnet werden, sondern fallen für viele Kostenträger gemeinsam an.

Kostenstellenrechnung

Eine Kostenstelle ist eine abgegrenzte Einheit eines Unternehmens. Dort werden die benötigten Güter und Dienstleistungen verbraucht (Kosten), um eine Leistung zu erbringen. Folgende Kostenstellen werden unterschieden:

◆ **Hauptkostenstellen (Endkostenstellen):** Diese geben ihre Leistungen betriebsextern (Klienten) ab und in der Regel erhalten sie gleichzeitig Leistungen von internen Hilfs- und Nebenkostenstellen. Im Fertigungsprozess finden wir vier Hauptkostenstellen:

– **Material:** verantwortlich für den Einkauf, Beobachtung und Auswertung des Beschaffungsmarktes, Prüfung des Materials, Materiallager, innerbetriebliche Materiallogistik.

– **Fertigung:** Dort entsteht die eigentliche Leistung des Unternehmens, die Produktion.

– **Verwaltung:** beinhaltet das Rechnungswesen, die Versicherungen, das Personalwesen, Finanzwesen, Geschäftsleitung.

– **Vertrieb:** beschäftigt sich mit dem Verkauf, Marketing, Kundenservice, Versand, Werbung und Warenlager.

◆ **Hilfskostenstellen (Vorkostenstellen):** Diese Kostenstellen geben ihre Leistungen betriebsintern an andere Kostenstellen ab und erhalten selbst keine Leistungen von anderen Kostenstellen. Sie leisten Dienste für die Fertigung, aber keinen direkten Beitrag zur betrieblichen Leistungserstellung. Sie fördern den Prozess und schaffen die benötigten Voraussetzungen hierfür, z.B.: die Konstruktion, technische Betriebsleitung, Maschineninstandsetzung.

◆ **Allgemeine Kostenstellen:** Diese erbringen Dienste übergeordneter Art, und zwar für alle Kostenstellen. Deshalb werden alle Kosten den Haupt- und Hilfskostenstellen weitergegeben. Zu den allgemeinen Kostenstellen gehören z.B.: eigener Fuhrpark, Sozialeinrichtungen (Kantine, Werksarzt, Werkskindergarten), eigene Kraftzentrale.

Betriebsabrechnungsbogen

Die Kostenstellenrechnung wird in der betrieblichen Praxis üblicherweise mithilfe des Betriebsabrechnungsbogens (BAB) durchgeführt.
Die Grundform beinhaltet lediglich die vier Hauptkostenstellen Material, Fertigung, Verwaltung und Vertrieb.

Der mehrstufige Betriebsabrechnungsbogen enthält neben den Hauptkostenstellen auch Kostenstellen für den allgemeinen Bereich und Hilfskostenstellen der Fertigung.

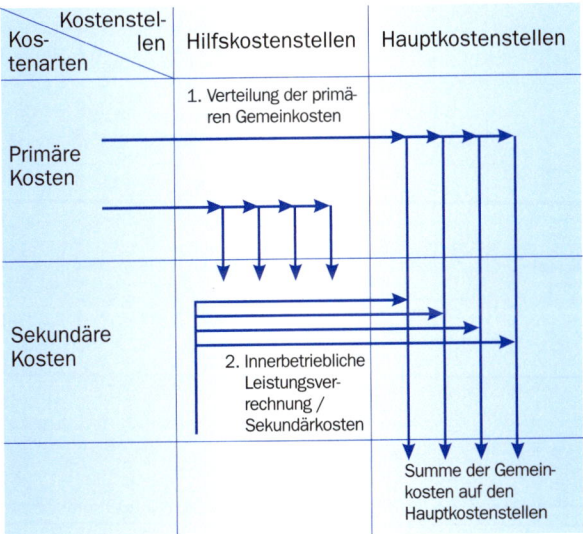

Vorgehen bei der Kostenaufteilung

Die Erstellung des BAB erfolgt in folgenden Schritten:
1. Aufnahme der primären Kosten
2. Verteilung der primären Gemeinkosten auf die Kostenstellen
3. Verteilung der sekundären Gemeinkosten
4. Berechnung der gesamten Gemeinkosten auf den Hauptkostenstellen

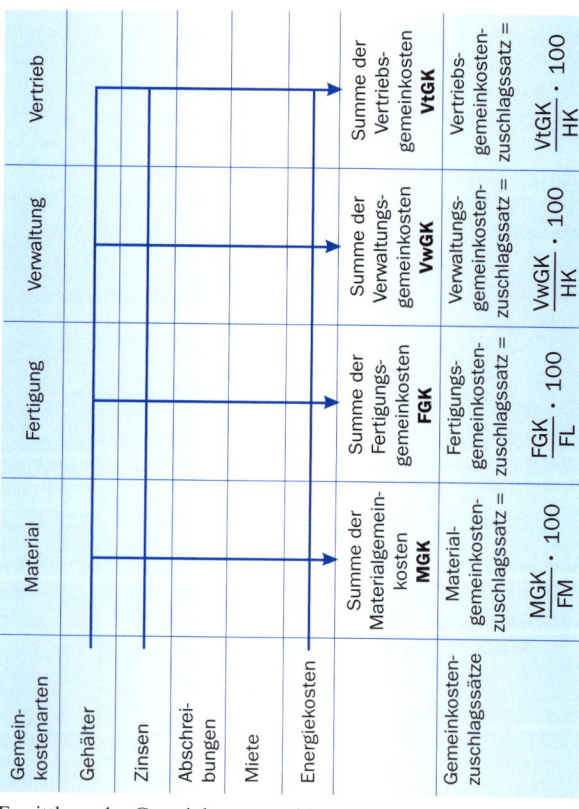

Ermittlung der Gemeinkostenzuschlagssätze

Divisionskalkulation

Dieses einfache Verfahren kann nur bei einheitlicher Massenfertigung (z.B. Leistungen von Elektrizitätswerken, Wasserwerken, Mühlen, Ziegeleien, Grundstoffindustrie) angewandt werden, deshalb nennt man sie auch Massenkalkulation.

Es gibt drei Formen der Divisionskalkulation:
◆ einstufige Divisionskalkulation,
◆ zweistufige Divisionskalkulation und
◆ mehrstufige Divisionskalkulation.

Einstufige Divisionskalkulation
Die einfachste Form dieser Kalkulation kann nur dann eingesetzt werden, wenn diese Voraussetzungen erfüllt sind:
◆ Nur eine Art von Erzeugnissen wird hergestellt und
◆ es entstehen keine Veränderungen der Bestände an fertigen und unfertigen Erzeugnissen (keine Produktion auf Lager).

$$k = \frac{K}{x}$$

k = Selbstkosten pro Stück
K = Gesamtkosten
x = produzierte Menge

Zweistufige Divisionskalkulation
Bei der zweiten Stufe müssen folgende Voraussetzungen erfüllt sein:
◆ Es wird nur eine Art von Erzeugnissen hergestellt und
◆ es entstehen keine Lagerbestandsveränderungen an unfertigen Erzeugnissen, aber
◆ es werden Veränderungen der Lagerbestände an fertigen Erzeugnissen berücksichtigt.
Hier werden die Kosten unterschieden in Herstellkosten, Verwaltungskosten und Vertriebskosten.

$$k = \frac{K_h}{x_p} + \frac{K_{vw} + K_{vt}}{x_a}$$

x_a = Absatzmenge
K_h = Herstellkosten
K_{vt} = Vertriebskosten
K_{vw} = Verwaltungskosten

k = Selbstkosten pro Stück
x_p = Produktionsmenge

Mehrstufige Divisionskalkulation

Hier besteht generell eine Voraussetzung: Es darf nur eine Art von Erzeugnis hergestellt werden.

Bei dieser Kalkulation werden nicht nur die Selbstkosten der verkauften Produkte und die Herstellkosten der hergestellten Menge ermittelt, sondern auch die Herstellkosten der unfertigen Erzeugnisse. In diesen Fällen handelt sich um ein mehrstufiges Produktionsverfahren, in dem das Produkt mehrere Produktionsstufen durchlaufen muss, um fertig hergestellt zu werden.

$$k = \frac{K_{h1}}{x_{p1}} + \ldots + \frac{K_{hn}}{x_{pn}} + \frac{K_{vw} + K_{vt}}{x_a}$$

x_{p1} = Produktionsmenge in der 1. Stufe
x_{pn} = Produktionsmenge in der n-ten-Stufe
K_{h1} = Herstellkosten in der 1. Stufe
K_{hn} = Herstellkosten in der n-ten-Stufe

Äquivalenzziffernkalkulation

Hierbei handelt es sich um eine Divisionskalkulation im weiteren Sinne. Sie findet ihre Anwendung in Unternehmen mit Mehrproduktherstellung.

Diese Erzeugnisse sind hinsichtlich der Ausgangsmaterialien (Roh-, Hilfs-, Betriebsstoffe) gleichartig, verursachen aber unterschiedliche Kosten bei der Be- und Verarbeitung. Beispiele sind die Zellstoffindustrie, Textilindustrie, Brauereien, Walzwerke, Schokoladenhersteller mit differenziertem Sortiment.

Die Kosten der artverwandten Erzeugnisse stehen in einem bestimmten Verhältnis zueinander. Dieses Verhältnis wird durch Äquivalenzziffernkalkulation ausgedrückt.

$$k_i = \frac{K}{a_1x_1 + \ldots + a_nx_n} \cdot a_i$$

k_i = Selbstkosten des Produktes i
K = Gesamtkosten
a_i = Äquivalenzziffer des Produktes i
a_1 = Äquivalenzziffer des Produktes 1
x_1 = Menge des Produktes 1

Zuschlagskalkulation

Diese Kalkulation dient der Ermittlung der Selbstkosten und der Vorkalkulation der Angebotspreise. Die Einzelkosten können dem Kostenträger (dem Auftrag, dem Projekt oder dem Produkt) direkt zugerechnet werden; es sind Materialkosten, Fertigungskosten und Sondereinzelkosten des Vertriebs.
Die Gemeinkosten, die für alle Kostenträger gemeinsam anfallen, werden mit den ermittelten Zuschlagssätzen auf die jeweiligen Einzelkosten gerechnet.
Die Kalkulation findet ihre Anwendung bei heterogenen Sach- und Dienstleistungen (Einzel- und Serienfertigung).

Summarische Zuschlagskalkulation
Diese Kalkulation wird in Handwerksbetrieben und kleinen Industriebetrieben angewandt. Es wird nur ein Gemeinkostenzuschlagssatz für alle Gemeinkosten des Unternehmens gebildet.

	Einzelkosten
+	Gemeinkosten
=	Selbstkosten

Differenzierte Zuschlagskalkulation
Diese Kalkulation der Kostenträger findet ihre Anwendung im Fertigungsbereich für Serien- und Einzelfertigung.

Um die Selbstkosten der Produkte zu ermitteln, werden alle Einzelkosten, die direkt dem Produkt zugerechnet werden können, und die verursachten Gemeinkosten berücksichtigt.
Die Zuschlagskalkulation bildet die Grundlage für die Ermittlung der Preise vor Beginn der Produktion (Angebotskalkulation).

	Materialkosten
+	Materialgemeinkosten
+	Fertigungslöhne
+	Fertigungsgemeinkosten
=	**Herstellkosten**
+	Verwaltungsgemeinkosten
+	Vertriebsgemeinkosten
=	**Selbstkosten**

Maschinenstundensatzrechnung

Diese Rechnung findet ihre Anwendung bei Fertigung heterogener Erzeugnisse (Einzel- und Serienfertigung).
Um eine Maschinenstundensatzrechnung durchzuführen, müssen die Fertigungsgemeinkosten in maschinenabhängige und maschinenunabhängige Kosten aufgeteilt werden.

Aufteilung der Fertigungsgemeinkosten	
Maschinenabhängige Kosten:	**Maschinenunabhängige Kosten (Restgemeinkosten):**
◆ Raumkosten	◆ Hilfs- und Betriebsstoffe
◆ Instandhaltungskosten	◆ Heizungskosten
◆ Kalkulatorische Abschreibung	◆ Hilfslöhne
◆ Kalkulatorische Zinsen	◆ Sozialkosten
◆ Werkzeuge	◆ Gehälter
◆ Energiekosten	

Die maschinenabhängigen Gemeinkosten werden im BAB getrennt ermittelt. Sie werden mit einem Maschinenstundensatz verrechnet.

Um den Stundensatz zu ermitteln, muss die jährliche Laufzeit der Maschine festgestellt werden. Die Maschinenlaufzeit ist die tatsächliche Zeit, in der die Anlage läuft. Zu den Stillzeiten gehören: arbeitsfreie Tage, Instandhaltungszeit.

$$T_L = T_G - T_{St} - T_{IH}$$

T_L = Maschinenlaufzeit (Std./Periode)
T_G = Gesamte Maschinenzeit (Std./Periode)
T_{St} = Stillstandzeit (Std./Periode)
T_{IH} = Instandhaltungszeit

$$\text{Raumkosten } (T_R) = \frac{\text{Raumbedarf} \cdot \text{m}^2\text{-Satz}}{T_L}$$

$$\text{Instandhaltungskosten } (T_I) = \frac{\text{Gesamte Instandhaltungskosten}}{\text{Nutzungsdauer} \cdot T_L}$$

$$\text{Abschreibungen } (T_A) = \frac{\text{Wiederbeschaffungskosten}}{\text{Nutzungsdauer} \cdot T_L}$$

$$\text{Kalkulatorische Zinsen } (T_Z) = \frac{0,5 \cdot \text{Wiederbeschaffungswert} \cdot \text{Zinssatz}}{100 \cdot T_L}$$

$$\text{Energiekosten } (T_E) = \text{Energiebedarf pro Std.} \cdot \text{Kosten je Energieeinheit}$$

$$\text{Maschinenstundensatzrechnung} = T_R + T_I + T_A + T_Z + T_E$$

4.3   Teilkostenrechnung

Die Teilkostenrechnung stellt eine Deckungsbeitragsrechnung dar. Der Deckungsbeitrag dient zunächst der Deckung der fixen Kosten und ist der Unterschiedsbetrag zwischen den Netto-Verkaufserlösen und den variablen Stückkosten.

Kostenaufteilung in der Teilkostenrechnung

Fixe Kosten
- sind in der Regel als Kosten der Betriebsbereitschaft einer bestimmten Abrechnungsperiode unveränderlich,

- verändern sich jedoch bezogen auf das einzelne Stück mit der Ausbringungsmenge (je mehr Produkte hergestellt werden, desto weniger fixe Kosten muss das einzelne Erzeugnis tragen).

- werden als „Block" betrachtet,

- sind bis zur vollen Auslastung der Kapazitäten beschäftigungsunabhängig.

Variable Kosten
- entstehen nur dann, wenn etwas produziert wird,

- sind ausbringungsmengenabhängig,

- verhalten sich proportional zum Beschäftigungsgrad,

- können den Kostenträgern direkt zugerechnet werden.

Die Deckungsbeitragsrechnung unterstützt die unternehmerischen Entscheidungen mit den folgenden Berechnungen:
- Sie ermittelt die Gewinnschwelle,
- bestimmt die Preisuntergrenze,
- bereitet das Zahlenmaterial für die Annahme oder Ablehnung von Aufträgen vor,
- vergleicht kostenmäßig Eigenfertigung und Fremdbezug.

Rechenverfahren der Deckungsbeitragsrechnung:

Netto-Verkaufserlös je Stück (Preis = p)

– variable Kosten (k_v)

= Deckungsbeitrag je Stück (db)

oder

Umsatz (U)

– variable Gesamtkosten (K_v)

= Deckungsbeitrag (DB)

Der Gewinn bzw. Verlust wird wie folgt ermittelt:

Gesamtumsatz (U)

– variable Gesamtkosten (K_v)

= Deckungsbeitrag

– fixe Kosten (K_f)

= Betriebsergebnis

Einstufige und mehrstufige Deckungsbeitragsrechnung

Bei der einstufigen Deckungsbeitragsrechnung werden die gesamten fixen Kosten vom Deckungsbeitrag abgezogen.

Anhand eines Beispiels wird das Prinzip klar:

	gesamt	Produkt A	Produkt B	Produkt C
Verkaufserlöse	**89.000 €**	20.000 €	25.000 €	44.000 €
– variable Kosten	**52.000 €**	12.000 €	18.000 €	22.000 €
= Deckungs-beitrag	**37.000 €**	8.000 €	7.000 €	22.000 €
– fixe Kosten	**17.000 €**			
Betriebsergebnis	**20.000 €**			

Bei der mehrstufigen Deckungsbeitragsrechnung werden die fixen Kosten gegliedert und stufenweise von Deckungsbeiträgen abgezogen, z.B.

◆ erzeugnisfixe Kosten,
◆ erzeugnisgruppenfixe Kosten,
◆ unternehmensfixe Kosten.

	gesamt	Produkt A	Produkt B	Produkt C
Verkaufserlöse	98.000 €	34.000 €	28.000 €	36.000 €
– variable Kosten	38.000 €	14.000 €	11.000 €	13.000 €
Deckungs-beitrag I	60.000 €	20.000 €	17.000 €	23.000 €
– fixe Kosten der Erzeugnisse	18.000 €	6.000 €	4.000 €	8.000 €
Deckungs-beitrag II	42.000 €	14.000 €	13.000 €	15.000 €
– fixe Kosten der Erzeugnisgruppen	8.000 €	1.000 €	2.000 €	5.000 €
Deckungs-beitrag III	34.000 €	13.000 €	11.000 €	10.000 €
– fixe Kosten des Unternehmens	18.000 €			
Betriebsergebnis	16.000 €			

Break-even-Point bzw. Gewinnschwelle

Die Gewinnschwelle ist der Schnittpunkt zwischen Erlösen und Kosten. In diesem Punkt sind sämtliche fixen und variablen Kosten gedeckt, d.h., die Erlöse decken die gesamten Kosten. Bei dieser Menge wird noch kein Gewinn erwirtschaftet. Dieser Punkt – der Break-even-Point – wird durch einen Quotienten ermittelt:

$$\text{Break-even-point} = \frac{K_f}{db}$$

Er beantwortet die Frage: Wie viele einzelne Deckungsbeiträge werden benötigt, um die gesamten Fixkosten des Unternehmens zu decken?

Grafisch lässt sich der Break-even-Point folgendermaßen darstellen:

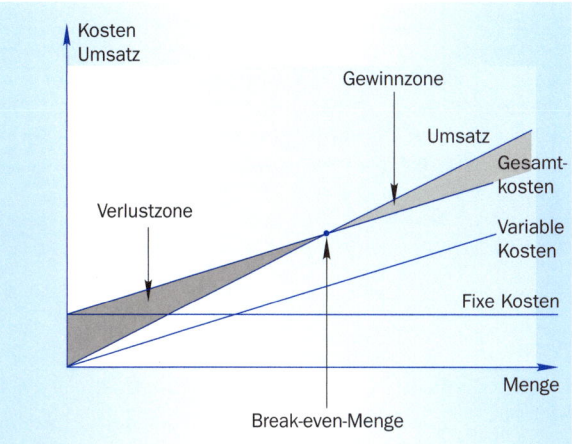

Der Break-even-Point

Erläuterungen zu den Begriffen:
◆ Umsatzkurve: Sie beginnt im Nullpunkt, weil 0 Stück auch 0 € Umsatz bringen.
◆ Gesamtkostenkurve: Sie besteht aus fixen und variablen Kosten.
◆ Fixkostenkurve: Sie zeigt die unveränderten fixen Kosten (sie fallen auch dann an, wenn nicht produziert wird oder keine Leistung erbracht wird).
◆ Verlustzone: Das Dreieck aus Umsatz- und Gesamtkostenkurve zeigt das Feld der nicht gedeckten Kosten.
◆ Gewinnzone: In diesem Feld liegen die Umsätze über den Kosten.

Kurzfristige Preisuntergrenze

Die Differenz aus dem Stückpreis und den variablen Kosten pro Stück ergibt den Deckungsbeitrag pro Stück. Wenn der Deckungsbeitrag gleich null ist, erbringt das Produkt keinen Beitrag zur Deckung der fixen Kosten. Es werden nur die zurechenbaren Kosten des Produktes gedeckt.

Rechnerisch entsteht ein Verlust in Höhe der Fixkosten, den das Unternehmen nur kurzfristig durchhalten kann. Bei einem Produkt auf eine Fixkostendeckung zu verzichten ist nur dann möglich, wenn andere Produkte einen entsprechend höheren Deckungsbeitrag für die Fixkosten erbringen. Deshalb stellen die variablen Kosten des Produktes die kurzfristige Preisuntergrenze dar.

Kurzfristige Preisuntergrenze (p_k) = Variable Kosten (k_v)

Die langfristige Preisuntergrenze liegt bei der Menge, deren Umsatz sämtliche Kosten deckt, also bei der Break-even-Menge.

$$\text{Langfristige Preisuntergrenze } p_L = \text{variable Kosten } k_v + \left(\frac{\text{Fixkosten } K_f}{\text{Menge } m} \right)$$

oder

$$p_L = \frac{\text{Fixkosten } K_f + (\text{variable Kosten } k_v \cdot \text{Menge } m)}{\text{Menge } m}$$

4.4   Plankostenrechnung

Die Plankostenrechnung ist ein System der Kostenrechnung und basiert auf zukunftsbezogenen Daten. Zu ihren wesentlichen Aufgaben gehören die Kostenkontrolle und Steuerung des Unternehmens.

Die Plankostenrechnung grenzt sich ab gegen Istkostenrechnung und Normalkostenrechnung:

Begriffserklärungen
Istkostenrechnung: Sie ist die traditionelle Form der Kostenrechnung. Die Istkostenrechnung erfasst die tatsächlich angefallenen Kosten und ermittelt die entfallenen Kosten im Rahmen der Nachkalkulation.	**Normalkostenrechnung:** Die Normalkostenrechnung erfasst die durchschnittlichen Istkosten aus mehreren Istwerten der vergangenen Perioden und dient der Kostenüberwachung.

Starre Plankostenrechnung

Bei diesem Verfahren werden die Kosten für eine bestimmte Menge geplant, und zwar ohne Anpassung der Kosten an Veränderung der Beschäftigung.

Plankosten
Die Plankosten ergeben sich aus der geplanten Menge und dem geplanten Preis, ohne Aufteilung der Kosten in fixe und variable Teile.

Plankosten = Planmenge · Planpreis

Plankosten-Verrechnungssatz
Für jeden Kostenträger wird ein Plankosten-Verrechnungssatz ermittelt (geplante anteilige Kosten pro Stück).

$$\text{Plankosten-Verrechnungssatz} = \frac{\text{Plankosten}}{\text{Planbeschäftigung}}$$

Verrechnete Plankosten

Um die Abrechnungsdaten zu ermitteln, werden verrechnete Plankosten berechnet, indem der Plankosten-Verrechnungssatz mit der Istmenge multipliziert wird.

$$\text{Verrechnete Plankosten} = \text{Istbeschäftigung} \cdot \text{Plankosten-Verrechnungssatz}$$

Kostenüber- bzw. Kostenunterdeckung

Um die Abweichung zu ermitteln, werden die Istkosten mit den verrechneten Plankosten verglichen.

$$\text{Kostenüber- bzw. Kostenunterdeckung} = \text{verrechnete Plankosten} - \text{Istkosten}$$

Flexible Plankostenrechnung

Bei diesem Verfahren kommt es zur Aufteilung der Plankosten in fixe und variable Anteile. Die Gesamtabweichung wird in die Beschäftigungs- und Verbrauchsabweichung aufgelöst.

Die Berechnung der flexiblen Plankostenrechnung kann in mehreren Schritten durchgeführt werden:
◆ Errechnung der Plankosten pro Kostenstelle
◆ Auflösung der Kosten in fixe und variable Teile
◆ Ermittlung der Sollkosten
◆ Ermittlung der Gesamtabweichung, Beschäftigungsabweichung und Verbrauchsabweichung

Beschäftigungsabweichung

Hier erfolgt die Ermittlung der Abweichung, die auf eine Beschäftigungsänderung zurückgeht.
Sollkosten sind Plankosten, die einem bestimmten Beschäftigungsgrad entsprechen. Sie setzen sich aus den fixen und den variablen Kosten zusammen.

$$\text{Sollkosten} = \frac{\text{fixe Kosten} + \text{variable Kosten} \cdot \text{Istbeschäftigung}}{\text{Planbeschäftigung}}$$

Die Fixkosten bleiben unverändert und die variablen Kosten werden auf die tatsächliche Ausbringungsmenge verrechnet, da sie beschäftigungsabhängige Kosten sind.

Die Beschäftigungsabweichung ist die Kostenüber- bzw. Kostenunterdeckung zwischen den verrechneten Plankosten und den Sollkosten bei Istbeschäftigung:

$$\text{Beschäftigungsabweichung} = \text{verrechnete Plankosten} - \text{Sollkosten bei Istbeschäftigung}$$

Verbrauchsabweichung

Istkosten sind die verrechneten Plankosten auf die Istmenge.

$$\text{Istkosten} = \text{Istmenge} \cdot \text{Planpreis}$$

Die Verbrauchsabweichung ist die Kostenüber- bzw. Kostenunterdeckung zwischen den Soll- und Istkosten. Sie ermittelt die Abweichung von den Plandaten des Verbrauches.

$$\text{Verbrauchsabweichung} = \text{Sollkosten} - \text{Istkosten}$$

Gesamtabweichung

Die Gesamtabweichung ergibt sich aus der Addition der beiden Einzelabweichungen:

$$\text{Gesamtabweichung} = \text{Beschäftigungsabweichung} + \text{Verbrauchsabweichung}$$

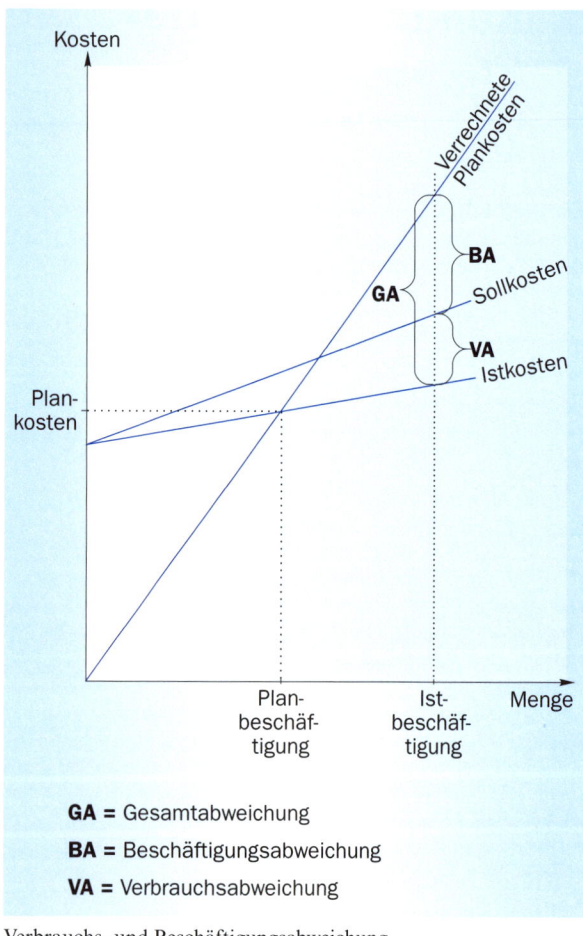

Verbrauchs- und Beschäftigungsabweichung

5 Kalkulationen der Preise

Der Weg zum Listenverkaufspreis

5.1 Im Handel

Das folgende Kalkulationsschema beschreibt den Weg vom Einkaufspreis bis zum Verkaufspreis:

Angebotspreis des Lieferanten (Einkaufspreis)
− **Sofortpreisnachlässe** (z.B. Mengenrabatt oder Treuebonus)
= **Zieleinkaufspreis**
− **Skonto** (abhängig von der Zahlungsfrist, z.B. 2 % Skonto innerhalb von 14 Tagen, 30 Tage netto ab Rechnungsdatum)
= **Bareinkaufspreis**
+ **Bezugskosten** (Anschaffungsnebenkosten, die mit der gekauften Ware zusammenhängen, z.B. Verpackung, Fracht, Rollgeld, Versicherung, Zoll)
= **Einstandspreis**
+ **Handlungskosten**
- Lagerkosten (Personalkosten, Zinsen, Abschreibungen, anteilig laufende Betriebskosten)
- Verkaufskosten (Verpackungskosten, Ausgangsfrachten, Werbekosten, Personalkosten, Abschreibungen, Reparaturen)
- Allgemeine Verwaltungskosten (Steuern, Bürokosten, Beratungskosten, Gehälter für Angestellte, Abschreibungen)
= **Selbstkosten**
+ **Gewinn**
= **Barverkaufspreis**
+ **Kundenskonto**
+ **Vertreterprovision**
= **Zielverkaufspreis**
+ **Kundenrabatt**
= **Listenverkaufspreis**

Der Kalkulationszuschlag ist der Differenzbetrag zwischen dem Netto-Verkaufspreis und dem Einstandspreis. Er besteht aus folgenden Beträgen: Handlungskosten, Gewinn- und Verkaufsaufschläge (Kundenrabatte, Kundenskonti, Vertreterprovision).

Kalkulationszuschlag = Netto-Verkaufspreis – Einstandspreis

Der Kalkulationszuschlagssatz ist ein prozentualer Aufschlag auf den Einstandspreis zur Ermittlung des Listenverkaufspreises.

$$\text{Kalkulationszuschlagssatz} = \frac{\text{Kalkulationszuschlag}}{\text{Einstandspreis}} \cdot 100$$

Der Kalkulationsfaktor ist eine absolute Zahl, mit der man den Einstandspreis multipliziert, um den Listenverkaufspreis zu ermitteln.

$$\text{Kalkulationsfaktor} = \frac{\text{Netto-Verkaufspreis}}{\text{Einstandspreis}}$$

Die Handelsspanne zeigt in Prozentsätzen die Differenz zwischen Netto-Verkaufspreis und dem Einstandspreis.

$$\text{Handelsspanne} = \frac{\text{Netto-Verkaufspreis} - \text{Einstandspreis}}{\text{Netto-Verkaufspreis}} \cdot 100$$

5.2   In der Industrie

In der Industrie gelangt man mithilfe des folgenden Schemas zum Listenverkaufspreis:

	Materialeinzelkosten
+	Materialgemeinkosten
=	**Materialkosten**
+	Fertigungslöhne
+	Fertigungsgemeinkosten
=	**Fertigungskosten**
=	**Herstellkosten**
+	Verwaltungsgemeinkosten
+	Vertriebsgemeinkosten
=	**Selbstkosten**
+	Gewinn
=	**Barverkaufspreis**
+	Vertreterprovision
+	Kundenskonto
=	**Zielverkaufspreis**
+	Kundenrabatt
=	**Listenverkaufspreis**

6 Finanzierung

6.1   Betriebsnotwendiges Kapital

Das betriebsnotwendige Kapital des Unternehmens dient
der Berechnung der kalkulatorischen Zinsen. Die Passivseite
der Bilanz (Kapitalherkunft) sagt nichts über die Notwen-
digkeit des vorhandenen Kapitals aus, somit wird zuerst das
notwendige Vermögen (Aktivseite) berechnet:

Nicht abnutzbares Anlagevermögen, z.B. unbe-
baute Grundstücke

\+ **abnutzbares Anlagevermögen**, z.B. Gebäude,
Fuhrpark, Betriebs- und Geschäftsausstattung

\+ **betriebsnotwendiges Umlaufvermögen**, z.B. Roh-,
Hilfs- und Betriebsstoffe, Forderungen, Kasse, Bank

\= **betriebsnotwendiges Vermögen**

\– **zinsfreies Kapital**: Anzahlungen von Kunden,
Verbindlichkeiten a. LL

\= **betriebsnotwendiges Kapital**

6.2   Die Zinsen

Zinsen (z) sind der Preis für die befristete Überlassung von
Kapital, den der Schuldner dem Gläubiger für das Fremdkapital zahlt.

Die Höhe der Zinsen hängt von folgenden Faktoren ab:
◆   von der Höhe des Kapitals,
◆   vom vereinbarten Zinssatz,
◆   von der Zeit der Überlassung des Kapitals.

Die Zinsrechnung ist eine Prozentrechnung unter Berücksichtigung der Zeit.

Als Kapital (k) bezeichnet man den Betrag, der z.B. auf einem Sparbuch angelegt wird oder bei einer Bank als Kredit aufgenommen wird. Der Zinssatz (p) in % gibt an, wie viel Zinsen das Kapital erbringt. Die Zeit (t) ist ein Zeitraum der Kapitalüberlassung, gemessen in Tagen, Monaten oder Jahren. Es gilt:

$$\text{Jahreszinsen} = \frac{\text{Kapital} \cdot \text{Zinssatz} \cdot \text{Jahre}}{100}$$

$$\text{Monatszinsen} = \frac{\text{Kapital} \cdot \text{Zinssatz} \cdot \text{Monate}}{100 \cdot 12}$$

$$\text{Tageszinsen} = \frac{\text{Kapital} \cdot \text{Zinssatz} \cdot \text{Tage}}{100 \cdot 360}$$

$$\text{Kapital} = \frac{\text{Zinsen} \cdot 100 \cdot 360}{\text{Zinssatz} \cdot \text{Tage}}$$

$$\text{Zinssatz} = \frac{\text{Zinsen} \cdot 100 \cdot 360}{\text{Kapital} \cdot \text{Tage}}$$

$$\text{Zeit} = \frac{\text{Zinsen} \cdot 100 \cdot 360}{\text{Kapital} \cdot \text{Zinssatz}}$$

Für die Berechnung der Tageszinsen gilt:

◆ 1 Jahr = 360 Tage
◆ 1 Monat = 30 Tage
  – Der 31. Tag eines Monats wird nicht berechnet.
  – Als Zinsmonat hat der Februar ebenfalls 30 Tage.
  – Der Februar wird bei Angaben „bis Ende Februar" genau berechnet: 28 Tage und in Schaltjahren 29 Tage.
  – Der Tag der Aus- bzw. Einzahlung (also der erste Tag) wird nicht mitgezählt.
  – Der Tag der Rückzahlung (also der letzte) wird mitgezählt.

In einer Reihe von Ländern werden die Zinstage anders berechnet.

◆ **US-amerikanische Zinsmethode**
   Hier wird auch jeder Monat mit 30 Zinstagen und ein ganzes Jahr mit 360 Zinstagen gerechnet. Der Unterschied liegt in der Behandlung des Monats Februar: Der Februar wird hier bei dieser Methode kalendergerecht mit 28 bzw. 29 Zinstagen gerechnet.

◆ **Englische Zinsmethode**
   Die Zinstage werden kalendermäßig bestimmt. Hierbei wird ein gesamtes Jahr mit 365 Zinstagen gerechnet. Es wird also auch im Fall eines Schaltjahres (366 Tage) mit 365 Tagen gerechnet. Alle anderen Monate entsprechen ihrer kalendergerechten Anzahl von Tagen.

◆ **Euro-Zinsmethode** (auch französische Zinsmethode genannt)
   Die Zinstage werden kalendergerecht bestimmt. Dennoch wird ein Jahr laut dieser Methode mit nur 360 Zinstagen gerechnet. Damit werden einzelne Monate entsprechend ihrer Anzahl von Tagen mit 30 oder 31 Zinstagen bzw. der Februar mit 28 oder 29 Zinstagen gerechnet. Zeiträume von einem gesamten Jahr werden aber pauschal als 360 Zinstage behandelt.

Die Zinszahl ist immer auf eine ganze Zahl zu runden und kann mit folgenden Formeln berechnet werden:

$$\text{Zinszahl} = 1\% \text{ des Kapitals} \cdot \text{Tage}$$

oder

$$\text{Zinszahl} = \frac{\text{Kapital} \cdot \text{Tage}}{100}$$

Der Zinsdivisor berechnet sich folgendermaßen:

$$\text{Zinsdivisor} = \frac{360}{\text{Zinssatz}}$$

Daraus ergibt sich:

Zinssatz	Zinsdivisor
1 %	360
2 %	180
3 %	120
5 %	72
8 %	45
10 %	36

Die Tageszinsen erhält man aus dem Quotienten von Zinszahl und Zinsdivisor:

$$\text{Tageszinsen} = \frac{\text{Zinszahl}}{\text{Zinsdivisor}}$$

6.3 Der effektive Zinssatz bei Darlehen

Die tatsächlichen Kosten für einen Kredit sind meistens höher als der vereinbarte Zinssatz für das aufgenommene Fremdkapital, denn neben den Zinsen sind für ein Darlehen in der Regel auch Provisionen, Gebühren und Spesen zu bezahlen.

Häufig zahlen die Kreditgeber nicht den vollen Betrag aus (100%), sondern versehen diesen mit einem Abschlag (Disagio bzw. Damnum). Dadurch werden die tatsächlichen Kreditkosten höher als der vereinbarte Nominalzins.

Der Effektivzins schließt im Gegensatz zum Nominalzins sämtliche Nebenkosten mit ein.

Der Auszahlungsbetrag berechnet sich:

```
  Darlehen
– Disagio
– Gebühren
– Spesen
= Auszahlungsbetrag
```

Die tatsächlichen Kosten ergeben sich aus den Kreditzinsen, dem Disagio, den Gebühren und den Spesen:

$$
\begin{array}{l}
\quad \text{Zinsen} \\
+ \ \text{Disagio} \\
+ \ \text{Gebühren} \\
+ \ \text{Spesen} \\
\hline
= \ \textbf{tatsächliche/effektive Kreditkosten}
\end{array}
$$

Um den effektiven Zinssatz zu ermitteln, werden die Kreditkosten zum Auszahlungsbetrag ins Verhältnis gesetzt:

$$p = \frac{z \cdot 100}{K \cdot t}$$

z = effektive Kreditkosten
K = Auszahlungsbetrag
t = Kreditlaufzeit
p = effektiver Zinssatz pro Jahr

Die Berechnung kann auch mit der folgenden Formel geschehen:

$$z = p_n + \frac{\left(\dfrac{K_t}{t}\right) \cdot 100}{K}$$

p_n = Nominalzinssatz
K_t = Kosten des Kredites
K = Auszahlungsbetrag

6.4 Diskontrechnung

Ein Diskont ist ein Abzug von Zinsen auf einen Betrag, der zu einem späteren Termin fällig ist, z.B. bei einem Wechsel, der vor dem Fälligkeitsdatum einer Bank zum Kauf eingereicht wird. Diskontieren bedeutet, einen Wechsel an eine Bank zu verkaufen.

Durch den Verkauf von Wechseln bekommen die Unternehmen liquide Mittel schon vor dem Fälligkeitsdatum des Wechsels.

Der Barwert am Verkaufstag wird wie folgt berechnet:

Wechselsumme
– Diskont
– Auslagen (Spesen)
= Gutschrift

Die Diskonttage werden nach der Euro-Zinsmethode berechnet (französische Methode):
◆ Monate werden nach Kalendertagen berechnet, d.h., der Februar hat 28 bzw. 29 Tage und die anderen Monate 30 bzw. 31 Tage,
◆ das Zinsjahr hat 360 Tage.

Fällt der Verfalltag auf einen Samstag, Sonntag oder Feiertag, so wird der Diskont bis zum folgenden Werktag berechnet.

6.5 Lieferantenkredit

Der Skontosatz in % bezieht sich auf die Rechnungssumme (bzw. auf den Zielverkaufspreis). Ob sich der Verzicht auf einen Preisnachlass und die Inanspruchnahme eines Lieferantenkredites wirtschaftlich lohnt, ermittelt man durch den Vergleich der Konditionen für einen Kredit. Hier ist der effektive Zinssatz beim Ausnutzen von Skonto von entscheidender Bedeutung.

> Muss die Unternehmung einen Kredit aufnehmen, um Skonto in Anspruch zu nehmen, lohnt es sich nur dann, wenn der Skontobetrag die gesamten Kreditkosten übersteigt.

Grundsätzlich muss dann ein Kredit in Höhe der Rechnungssumme abzüglich Skonto aufgenommen werden.

Beispiel: Es liegt eine Lieferantenrechnung über 18.000,00 € vor. Zahlungsbedingungen: „zahlbar sofort abzüglich 3% Skonto oder in 30 Tagen netto Kasse". Um Skonto auszunutzen, muss ein Bankkredit zu einem Zinssatz von 12% aufgenommen werden.

Lösung mit einer kaufmännischen Überschlagsrechnung:

30 Tage = 3%
360 Tage = x

$$x = \frac{360 \text{ Tage} \cdot 3\%}{30 \text{ Tage}}$$

= 36% im Jahr

Der Bankzinssatz von 12% ist also deutlich günstiger als diese 36% Zinsen.

In der Regel reicht die Überschlagsrechnung, um eine vernünftige kaufmännische Entscheidung zu treffen, wie hier.

Lösung mit mathematisch genauer Rechnung:

Lieferantenrechnung über	18.000,00 €
− 3 % Skonto	540,00 €
= Kredit	17.460,00 €

$$p = \frac{z \cdot 100 \cdot 360}{k \cdot t}$$

k = Kapital   17.460,00 €
z = Zinsen   540,00 €
t = Zeit   30 Tage

daraus folgt:
p = Zinssatz   = 37,11%

Die Berechnung ergibt also einen Jahreszinssatz in Höhe von 37,11%.

Kosten für den Bankkredit bei:
Kapital: 17.460,00 €
Zeit: 30 Tage
Zinssatz: 12 %

Hier entstehen Kosten in Höhe von 174,60 €

Die Finanzierungsgegenüberstellung ergibt hier einen
Finanzierungsgewinn:

Skontoertrag (Kreditkosten des Lieferanten)	540,00 €
– Kreditkosten für 30 Tage	174,60 €
= Finanzierungsgewinn	365,40 €

6.6   Finanzierungsarten

Hier sind folgende Begriffe von Bedeutung:
- **Kapital** (Passivseite der Bilanz): Das ist die Summe der Verbindlichkeiten eines Unternehmens gegenüber Gesellschaftern (Eigenkapital) und Gläubigern (Fremdkapital).
- **Investition**: Stellt die Kapitalverwendung für betriebliche Produktionsfaktoren dar: Sachmittel (Stoffe, Betriebsmittel, Immobilien), Rechte (Lizenzen, Patente).
- **Finanzierung**: Zeigt die Herkunft des beschafften Kapitals, das im Unternehmen benötigt wird.

Unterscheiden lassen sich:
- Die **Außenfinanzerung** als
  - Beteiligungsfinanzierung (Eigenkapital) oder
  - Fremdfinanzierung (Fremdkapital)
- Die **Innenfinanzierung** als
  - Finanzierung aus Umsatzerlösen
  - Finanzierung aus sonstigen Kapitalfreisetzungen

	Außenfinanzierung	Innenfinanzierung
Eigen-finan-zierung	Beteiligungsfinanzierung: Eigenkapital, das von außerhalb des Unternehmens zufließt (von bisherigen oder neuen Gesellschaftern)	1. Gewinnthesaurierung: a. stille Selbstfinanzierung – aus der Bilanz nicht ersichtlich (Unterbewertung der Aktiva, Überbewertung der Passiva) b. offene Selbstfinanzierung – erzielte Gewinne werden in der Bilanz ausgewiesen, versteuert und nicht ausgeschüttet 2. Finanzierung aus Abschreibungsgegenwerten
Fremd-finan-zierung	Kreditfinanzierung: a. langfristige Kreditfinanzierung (Bankkredite, Anleihen, Schuldscheindarlehen, Kreditförderung der öffentlichen Hand) b. kurzfristige Kreditfinanzierung (Lieferanten- und Kundenkredite, Kontokorrentkredit, Lombardkredit, Kreditleihe, Akzeptkredit, Avalkredit)	Rückstellungen: Einem bilanziellen Aufwand steht eine spätere Auszahlung gegenüber; in diesem Zeitraum steht das Kapital dem Unternehmen für andere Investitionen zur Verfügung; bei langfristigen Rückstellungen entsteht ein Steuerstundungseffekt

7 Investitionsrechnung

Statische und dynamische Verfahren

Verfahren der Investitionsrechnung	

Statische Verfahren:
 Ein-Perioden-Vergleichs-
 rechnungen
 ◆ Kostenvergleichs-
   rechnung
 ◆ Gewinnvergleichs-
   rechnung
 ◆ Rentabilitätsvergleichs-
   rechnung
 ◆ Amortisations-
   vergleichsrechnung
	Dynamische Verfahren:
	 Mehr-Perioden-Vergleichs-
	 rechnungen
	 ◆ Kapitalwert-
	   methode
	 ◆ Interne Zinsfuß-
	   methode
	 ◆ Annuitätenmethode

7.1 Statische Investitionsrechnung

Die statischen Investitionsrechnungen sind aufgrund ihrer Einfachheit und geringem Arbeitsaufwand die noch am häufigsten eingesetzten Methoden.

Die Berechnungen beziehen sich auf das erste Nutzungsjahr oder ein Durchschnittsjahr der Investition (eine Periode = Planjahr) und sollen repräsentativ sein für alle weiteren Nutzungsperioden. Bei langfristigen Investitionen besteht daher auch die Gefahr von Fehlentscheidungen.

Im Folgenden werden zwei Investitionsobjekte einander gegenübergestellt, die mithilfe der verschiedenen statischen Investitionsrechnungen auf ihre Vorteilhaftigkeit hin überprüft werden sollen.

	Investitions-objekt A	Investitions-objekt B
Anschaffungspreis	200.000,00 €	280.000,00 €
Geplante Nutzungsdauer	10 Jahre	10 Jahre
Leistungseinheiten pro Jahr	20.000	26.000
Fixe Kosten: – Abschreibungen – kalkulatorische Zinsen – sonstige	67.000,00 €	72.000,00 €
Variable Kosten: – Material – Löhne – Energie – sonstige	2,00 €	1,80 €
Erlöse pro Stück	6,00 €	6,00 €

Die Kostenvergleichsrechnung wird für zwei oder mehrere Investitionsalternativen durchgeführt, indem die geplanten Kosten einer Abrechnungsperiode bzw. die Kosten je Erzeugnisart der Investitionsobjekte verglichen werden.
Ein Nachteil der Methode ist die Vernachlässigung der Absatzmenge der Produkte.
Bei unterschiedlichen Kapazitäten der Investitionsalternativen sollte zusätzlich die kritische Menge ermittelt werden, um den Übergang von einer zur anderen Investitionsalternative festzustellen.

Die Gesamtkosten ergeben die Kostenfunktionen:

$$\frac{\text{Gesamt-}}{\text{kosten}} = \text{variable Kosten pro Stück} \cdot \text{Menge} + \text{fixe Kosten}$$

Die kritische Menge liegt in dem Punkt, wo sich die beiden Kostenfunktionen (K) schneiden, also dort, wo $K_A = K_B$ ist:

$K_A = 2,00\,€ \cdot x + 67.000,00\,€$
$K_B = 1,80\,€ \cdot x + 72.000,00\,€$

$2,00\,€ \cdot x + 67.000,00\,€ = 1,80\,€ \cdot x + 72.000,00\,€$

Daraus folgt: $x = 25.000$ Stück

Die Kostenvergleichsrechnung ermittelt als kritische Menge also 25.000 Stück. Das bedeutet: Ab dieser Menge ist hier die Anlage B günstiger als die Anlage A.

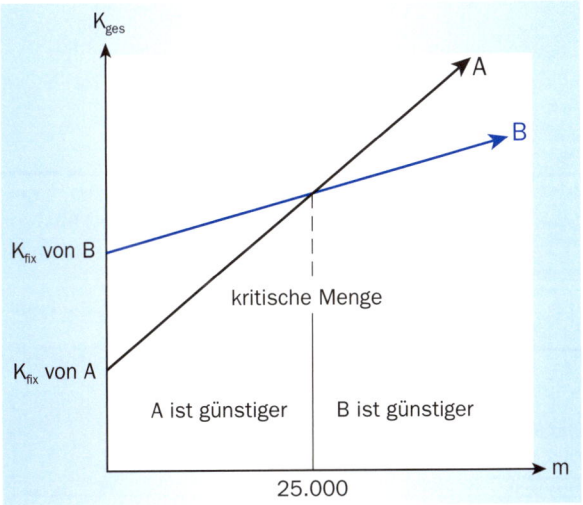

Die kritische Menge zweier Kostenfunktionen

Die Gewinnvergleichsrechnung vergleicht die geplanten Gewinne der Investitionsalternativen.

Die Differenz zwischen Erlösen und Kosten der Objekte bezieht sich entweder auf eine Abrechnungsperiode oder eine Leistungseinheit.

Ein spezifischer Nachteil der Berechnung bei dieser Methode ist die Vernachlässigung des Kapitaleinsatzes.

	Investitions-objekt A	Investitions-objekt B
Erlöse (gesamt)	120.000,00 €	156.000,00 €
Kosten	107.000,00 €	118.800,00 €
Gewinn in € pro Periode	13.000,00 €	37.200,00 €
Gewinn in € pro Stück	0,65 €	1,43 €

Die Gewinnvergleichsrechnung gibt hier Objekt B den Vorzug, da diese Investition den größeren Gewinn pro Stück bringt.

Die Rentabilitätsvergleichsrechnung (Return-on-Investment-Methode) vergleicht die Rentabilität des eingesetzten Kapitals. Zuerst wird der Gewinn ermittelt (also die Differenz zwischen Erlösen und Kosten) und ins Verhältnis zum investierten Kapital gesetzt. Es wird die Verzinsung des gebundenen Kapitals in einer Abrechnungsperiode berechnet und beurteilt.

Der wesentliche Vorteil dieses Verfahrens liegt in der Einbeziehung des gebundenen Kapitals.

Die Rentabilität berechnet sich:

$$R = \frac{\text{Gewinn} \cdot 100}{\text{Kapital}}$$

Für die beiden Investitionsobjekte also:

$$R_A = \frac{13.000,00\text{€} \cdot 100}{200.000,00\text{€}} = 6,5\%$$

$$R_B = \frac{37.200,00\text{€} \cdot 100}{280.000,00\text{€}} = 13,29\%$$

Das Investitionsobjekt B erwirtschaftet hier also eine deutlich höhere Verzinsung des eingesetzten Kapitals, nämlich eine Rentabilität in Höhe von 13,29 %.

Die Amortisationsvergleichsrechnung (Pay-back-Rechnung) berechnet und vergleicht, in welchem Zeitraum das investierte Kapital zurückfließt (Amortisationszeit). Es wird das Verhältnis zwischen dem Kapitaleinsatz und dem Cashflow (Gewinn + Abschreibungen) einer Investitionsalternative festgestellt.
Zum Nachteil dieses Verfahrens gehört die Vernachlässigung der Wirtschaftlichkeit der Objekte, da nur die Dauer der Kapitalbindung betrachtet wird. Dadurch soll die Amortisationsrechnung die anderen statischen Methoden nur ergänzen.

$$\text{Amortisationszeit} = \frac{\text{Kapitaleinsatz}}{\text{Gewinn + Abschreibung}}$$

	Investitions-objekt A	Investitions-objekt B
Kapitaleinsatz	200.000,00 €	280.000,00 €
Nutzungsdauer	10 Jahre	10 Jahre
Abschreibungen	20.000,00 €	28.000,00 €
Gewinn	13.000,00 €	37.200,00 €
Amortisationszeit	6,06 Jahre	4,29 Jahre

Das Investitionsobjekt B hat eine um 1,77 Jahre kürzere Amortisationszeit als das Investitionsobjekt A.

7.2 Dynamische Investitionsrechnung

Die dynamischen Investitionsrechnungen (finanzmathematische Verfahren) beurteilen eine Investition, indem sie die ausgelösten Einzahlungen und Auszahlungen (bzw. Kosten und Erträge) für die gesamte (geplante) Nutzungsdauer der Investitionsobjekte ermitteln.
Der Nachteil dieser Methoden liegt in der Schätzung der zu erwartenden Zahlungsströme für die gesamte Nutzungsdauer.

> Je langfristiger die Investition, desto größer die Unsicherheit der geschätzten Daten.

Merkmale der dynamischen Investitionsrechnung sind:
- ◆ Für jedes Nutzungsjahr werden die Überschüsse des Investitionsobjektes ermittelt (geschätzt).
- ◆ Die Anschaffungskosten stellen eine Ausgabe zum Zeitpunkt der Investition dar.
- ◆ Die Vorteilhaftigkeit der Investition ergibt sich aus der Erreichung der angestrebten Mindestverzinsung der Investition: Die Summe der Barwerte abzüglich Kapitaleinsatz soll größer oder gleich null sein.

Die Kapitalwertmethode (auch Diskontierungs- oder Barwertmethode genannt) ermittelt den Barwert einer Investition. Ein Investitionsobjekt gilt als vorteilhaft, wenn sein Kapitalwert positiv oder null ist.
Zur Berechnung der Barwerte werden die jährlichen Einnahmenüberschüsse der Investition berechnet und mit dem Abzinsungsfaktor multipliziert.
Das Unternehmen bestimmt die gewünschte Verzinsung einer Investition.

Der Abzinsungsfaktor kann finanzmathematischen Tabellen entnommen werden oder mit einer Formel berechnet werden:

$$\text{Abzinsungsfaktor} = (1 + z)^{-n} = \frac{1}{(1 + z)^n}$$

K_0 = Kapitalwert der Investition

ü = Überschuss der Einnahmen über die Ausgaben

$K = ü (1 + z)^{-1} + ü (1 + z)^{-2} + \ldots + ü (1 + z)^{-n}$

Zahlungs- zeitpunkt t	Rückfluss R in €	Abzinsungs- faktor für z = 10 %	Netto- Zahlungen = Investition (Barwert)
0	–	1,0	–120.000,00
1	30.000,00	0,9091	27.273,00
2	40.000,00	0,8264	33.056,00
3	40.000,00	0,7513	30.052,00
4	30.000,00	0,6830	20.490,00
5	25.000,00	0,6209	15.522,50
Kapitalwert			6.397,50

Da der Kapitalwert der Investition 6.397,50 € beträgt, ist die Investition vorteilhaft. Es wird nicht nur die gewünschte Verzinsung von 10 % erwirtschaftet, sondern darüber hinaus ein barwerter Überschuss.

Die interne Zinsfuß-Methode ermittelt den Diskontierungssatz einer Investition. Es wird der Zinssatz gesucht, der zu einem Kapitalwert von null führt, das bedeutet, die Barwerte der Auszahlungen und Einzahlungen sind hier gleich. Die Investition stellt eine Auszahlung dar.

Der interne Zinsfuß wird durch versuchsweise Näherung ermittelt, d.h., es wird mit Versuchszinssätzen gerechnet.

Jahr	Überschüsse	Faktor für 7 %	Faktor für 11 %	Barwert für 7 %	Barwert für 11 %
0	-120.000,00	1	1	-120.000,00	-120.000,00
1	30.000,00	0,934579	0,900901	28.037,37	27.027,03
2	40.000,00	0,873439	0,811622	34.937,56	32.464,88
3	30.000,00	0,816298	0,731191	24.488,94	21.935,73
4	25.000,00	0,762895	0,658731	19.072,38	16.468,28
5	25.000,00	0,712986	0,593451	17.824,65	14.836,28
Kapital-wert				4.360,90	-7.267,80

Formel zur Berechnung des internen Zinsfußes (r):

$z_1 = 7\ \%$

$z_2 = 11\ \%$

$$\text{Interner Zinsfuß (r)} = z_1 - \frac{\text{Kapitalwert 1} \cdot (z_2 - z_1)}{\text{Kapitalwert 2} - \text{Kapitalwert 1}}$$

$$= 7{,}0 - \left(\frac{4.360{,}90 \cdot 4}{-11.628{,}70}\right) = 8{,}5\ \%$$

Der Diskontierungssatz der Investition beträgt 8,5 %.

Die Annuitätenmethode ermittelt den durchschnittlichen Differenzbetrag zwischen den barwertigen Einzahlungen und den barwertigen Auszahlungen. Es wird der Zeitraum gesucht, bei dem das eingesetzte Kapital bei einer erwarteten Verzinsung zurückfließt. Diese Methode stellt eine Variante des Kapitalwertverfahrens dar.

Der ermittelte Kapitalwert einer Investition wird sozusagen periodisiert. Eine Investition ist dann vorteilhaft, wenn ihre Annuität positiv ist.

8 Lagerkennzahlen

Wirtschaftlichkeit der Lagerhaltung

8.1 Bewertung des Verbrauches

Um die Materialkosten für verschiedene Kalkulationen brauchbar zu machen, müssen die Mengen in Geldeinheiten bewertet werden. Hierfür gibt es folgende Verfahren:

◆ Permanente Durchschnittsbewertung: Der Durchschnittspreis wird nach jedem Zugang neu ermittelt; sehr arbeitsaufwendiges Verfahren.

◆ Periodische Durchschnittsbewertung: Unter Berücksichtigung aller Zugänge wird nur einmal am Ende der Periode der Durchschnittspreis ermittelt.

◆ Fiktive Anschaffungspreise werden aufgrund unterstellter Verbrauchsfolgen ermittelt:
   – Lifo-Verfahren (last in – first out): Hier wird unterstellt, dass das zuletzt angeschaffte Material zuerst verbraucht oder veräußert wird.
   – Fifo-Verfahren (first in – first out): Im Gegensatz zur Lifo-Methode geht man davon aus, dass die zuerst angeschafften oder hergestellten Gegenstände auch zuerst verbraucht oder veräußert werden.
   – Hifo-Verfahren (highest in – first out): Bei diesem Verfahren geht man davon aus, dass die zu den höchsten Preisen angeschafften Güter zuerst verbraucht werden; bei stetig steigenden bzw. fallenden Preisen entspricht es dem Lifo- bzw. Fifo-Verfahren.
   – Lofo-Verfahren (lowest in – first out): Diese Methode unterstellt, dass die am billigsten erworbenen Vorräte zuerst verbraucht oder veräußert worden sind.

8.2   Der Lagerbestand

Die Lagerkennzahlen gehen von gleichmäßigem Verbrauch der Vorräte und einer genauen Planbarkeit der Bestände aus. In der Praxis ist der Verbrauch nie gleichmäßig und hängt von vielen Faktoren ab.

Der durchschnittliche Lagerbestand zeigt die Höhe des durchschnittlich im Lager gebundenen Kapitals an und spiegelt die Lagerhaltungs- und Kapitalbindungskosten wider.
Je geringer der durchschnittliche Lagerbestand ist, desto geringer sind die Zinskosten für das gebundene Kapital. Das Unternehmen hat damit geringere Gesamtkosten des Unternehmens und kann wirtschaftlicher arbeiten.

◆   Wenn die Zu- und Abgänge relativ gleichmäßig sind:

$$\text{Durchschnittlicher Lagerbestand} = \frac{\text{Anfangsbestand} + \text{Endbestand}}{2}$$

◆   Wenn die Zu- und Abgänge nicht gleichmäßig sind:

$$\text{Durchschnittlicher Lagerbestand} = \frac{\text{Jahresanfangs-bestand} + \text{12 Monats-bestände}}{13}$$

$$\text{Durchschnittlicher Lagerbestand} = \frac{\text{Jahresanfangs-bestand} + \text{52 Wochen-bestände}}{53}$$

Der Mindestbestand, auch „eiserner" Bestand genannt, ist der Bestand, der zur Sicherung eines störungsfreien Betriebsablaufs nicht unterschritten werden sollte.
Der Bestand wird unter Berücksichtigung des durchschnittlichen Verbrauches, der Beschaffungsdauer und eines Sicherheitszuschlags ermittelt.

$$\text{Mindestbestand} =$$

$$\left(\begin{array}{l}\text{mengenmäßiger} \\ \text{Durchschnitts-} \\ \text{tagesverbrauch}\end{array} \cdot \begin{array}{l}\text{Beschaffungs-} \\ \text{dauer in Tagen}\end{array}\right) \cdot \left(1 + \dfrac{\text{\%-ualer Sicher-}}{\text{heitszuschlag}} \over 100\right)$$

Der Meldebestand ist der Wert, an dem eine Ersatzbeschaffung notwendig ist, um den eisernen Bestand nicht anzurühren. Oft zeigt er den doppelten Mindestbestand.

$$\frac{\text{Melde-}}{\text{bestand}} = \text{Tagesverbrauch} \cdot \text{Lieferzeit} + \text{Mindestbestand}$$

$$\text{Meldebestand} = 2 \cdot \text{Mindestbestand (Mengeneinheiten)}$$

Die Lagerreichweite zeigt das Verhältnis des durchschnittlichen Lagerbestands zum durchschnittlichen Tagesbedarf. Sie gibt die Anzahl der Tage an, in denen das Lager vollständig abgebaut wird.

$$\frac{\text{Lagerreichweite}}{\text{(in Tagen)}} = \frac{\text{durchschnittlicher Lagerbestand}}{\text{durchschnittlicher Bedarf pro Tag}}$$

Die Lagerumschlagshäufigkeit ermittelt das Verhältnis des Wareneinsatzes zum durchschnittlichen Lagerbestand. Der Wert gibt an, wie oft das gesamte Lager in einer Periode umgeschlagen wird.

Je größer die Umschlagshäufigkeit, desto geringer sind der durchschnittliche Lagerbestand sowie die Zinskosten für das gebundene Kapital, das bedeutet: Die Rentabilität steigt.

$$\text{Lagerumschlagshäufigkeit} = \frac{\text{Wareneinsatz}}{\text{durchschnittlicher Lagerbestand}}$$

Wareneinsatz = Verbrauch in der Periode:

   Anfangsbestand
+ Zugänge
– Endbestand
   ―――――――――
= Wareneinsatz

Die durchschnittliche Lagerdauer gibt Auskunft über Kapitalbindung im Lager. Sie zeigt, wie lange die Vorräte durchschnittlich im Lager gebunden sind, bevor sie verarbeitet oder verkauft werden.

$$\text{Durchschnittliche Lagerdauer} = \frac{360}{\text{Umschlagshäufigkeit}}$$

Die Kapitalbindungskosten ermitteln den Wertverzehr, der durch die Kapitalbindung im Lager entsteht.

$$\text{Kapital-} \atop \text{bindungskosten} = \frac{\frac{\text{Wert des}}{\text{Bestands}} \cdot \frac{\text{Lagerzeit in}}{\text{Monaten}} \cdot \text{Zinssatz}}{12}$$

Der Lagerzinssatz gibt an, wie hoch die Zinsbelastung einer Ware während der Lagerdauer ist.

$$\text{Lager-} \atop \text{zinssatz} = {\text{Jahres-} \atop \text{zinssatz}} \cdot \frac{\text{durchschnittliche Lagerdauer in Tagen}}{360}$$

8.3 Optimale Bestellmenge

Die optimale Bestellmenge beschreibt die Menge eines Objektes, bei der die Summe aller Lagerhaltungs- und Bestellkosten am geringsten ist. Diese Menge ist nicht ganz leicht zu ermitteln, denn es gilt, folgenden Zielkonflikt zu optimieren:

- ◆ Je höher die Bestellmenge, desto größer sind die Lagerkosten und die Zinsen für das gebundene Kapital, aber bei großen Mengen verringern sich die Bezugskosten.
- ◆ Je kleiner die Bestellmenge, desto niedriger sind die Kosten für die Lagerhaltung und die Zinsen für das gebundene Kapital (hohe Lagerumschlagshäufigkeit), aber die Bezugskosten (Transport, Versicherung, entgangene Rabatte) steigen.

Berechnen lässt sich diese optimale Menge folgendermaßen:

$$x_{opt} = \sqrt{\frac{200 \cdot J \cdot BK}{EP \cdot LHS}}$$

x_{opt} = optimale Bestellmenge
J = Jahresbedarfsmenge
BK = Bestellfixe Kosten
EP = Einstandspreis je Einheit
LHS = Lagerhaltungskostensatz (Zinssatz + Lagerkostensatz)

Folgende Voraussetzungen müssen erfüllt sein, um dieses Verfahren anzuwenden:
- ◆ die Vorräte unterliegen keinem Verderb,
- ◆ die Liquidität des Unternehmens lässt zu, jede beliebige Menge zu finanzieren,
- ◆ die beliebige Menge der Vorräte kann gelagert werden,
- ◆ die Lieferanten können jede beliebige Menge auch liefern,
- ◆ es gibt keine Mengenrabatte,
- ◆ der Jahresbedarf ist im Voraus bekannt,
- ◆ eine neue Lieferung trifft erst ein, wenn das Lager restlos geräumt ist.

9 Marketing und Vertrieb

Planung und Kontrolle mit Kennzahlen

Der Marktanteil zeigt die Wettbewerbsposition und die Stärke eines Unternehmens. Diese Kennzahl gibt an, welchen absoluten Marktanteil gemessen am gesamten Marktvolumen das Unternehmen besitzt.

$$\text{Absoluter Marktanteil} = \frac{\text{Umsatz bzw. Absatz des Unternehmens}}{\text{Umsatz bzw. Absatz des Gesamtmarktes (Marktvolumen)}} \cdot 100$$

$$\text{Absoluter Marktanteil} = \frac{\text{eigener Marktanteil}}{\text{Marktvolumen}} \cdot 100$$

Der relative Marktanteil beschreibt das Verhältnis des eigenen Marktanteils zu dem des (bzw. der) stärksten Konkurrenten. Es können bis zu drei der größten Konkurrenten in den Vergleich mit einbezogen werden.

$$\text{Relativer Marktanteil} = \frac{\text{Marktanteil des Unternehmens}}{\text{Marktanteil des stärksten Konkurrenten}} \cdot 100$$

Das Marktwachstum zeigt die Veränderung des Marktvolumens gegenüber dem Marktvolumen der Vorperiode.

$$\text{Marktwachstum} = \frac{\text{zusätzliches Marktvolumen}}{\text{Marktvolumen der Vorperiode}} \cdot 100$$

Die Umsatzstruktur gibt Auskunft über den Anteil des Teilumsatzes am Gesamtumsatz; so können die unterschiedlichen Teilumsätze am Gesamtumsatz gemessen werden.

$$\text{Umsatzstruktur} = \frac{\text{zu vergleichende Umsatzerlöse}}{\text{Summe aller Umsatzerlöse}} \cdot 100$$

Die Auftragsreichweite gibt an, wie viele Tage der momentane Auftragsbestand in die Zukunft reicht.

$$\text{Auftragsreichweite} = \frac{\text{Auftragsbestand}}{\text{Umsatz der letzten 12 Monate}} \cdot 360$$

Die Preiselastizität (e) zeigt das Verhältnis zwischen der relativen Änderung der mengenmäßigen Nachfrage nach einem Produkt und der relativen Änderung des Preises dieses Produktes. Wenn

◆ e < 1, spricht man von einer elastischen Nachfrageelastizität,
◆ e > 1, spricht man von unelastischer Preiselastizität der Nachfrage,
◆ e = 1, der Umsatz bleibt unverändert,
◆ e = 0, spricht man von vollkommen starrer Nachfrage,
◆ die Preiselastizität zwischen 0 und +1 liegt, spricht man von unelastischer oder starrer Nachfrage.

$$\text{Preiselastizitätskoeffizient (e)} = \frac{\text{prozentuale Mengenänderung}}{\text{prozentuale Preisänderung}}$$

Der Werbegewinn ermittelt die Differenz zwischen den erzielten Umsätzen bzw. dem Deckungsbeitrag und den Werbekosten.

$$\text{Werbegewinn} = \frac{\text{werbebedingter zusätzlicher Umsatz}}{\text{bzw. Deckungsbeitrag – Werbekosten}}$$

Die Verkaufsförderungsintensität ermittelt das Verhältnis des Verkaufsförderungsaufwands zu den Produkterlösen. Sie zeigt die Schwächen des Produktes, z.B. kann eine hohe

Verkaufsförderungsintensität bedeuten, dass das Produkt nur mit Absatzförderungsmaßnahmen auf dem Markt akzeptiert und verkauft wird.

$$\text{Verkaufsförderungsintensität} = \frac{\text{Verkaufsförderungsaufwand}}{\text{Produkterlöse}}$$

Die Werbeintensität beschreibt das Verhältnis des Werbeaufwands zu den Produkterlösen. Sie zeigt die Vermarktungsschwerpunkte.

$$\text{Werbeintensität} = \frac{\text{Werbeaufwand}}{\text{Produkterlöse}}$$

10 Personalwirtschaft

Berechnung der Löhne bzw. Gehälter und der personalwirtschaftlichen Kennzahlen

Folgende Angaben müssen in einem schriftlichen Arbeitsvertrag festgehalten werden:
◆ Name und Anschrift der Vertragsparteien,
◆ der Beginn des Arbeitsverhältnisses,
◆ im Fall der Befristung die vorhersehbare Dauer,
◆ Angaben zum Arbeitsort,
◆ Beschreibung der Tätigkeit,
◆ Zusammensetzung und Höhe des Arbeitsentgelts,
◆ die vereinbarte Arbeitszeit,
◆ die Dauer des Erholungsurlaubs,
◆ die Kündigungsfrist.

Für die Kündigungsfrist und Erholungsurlaub-Regelungen kann auf die gesetzlichen Vorschriften verwiesen werden.

Angaben auf der Lohnsteuerkarte die maßgeblich für die Lohnsteuer- und Kirchensteuerabzüge sind:
◆ die Steuerklasse,
◆ die Zahl der Kinderfreibeträge,
◆ bei der Steuerberechnung abzuziehender Freibetrag,
◆ das Geburtsdatum,
◆ die Religionszugehörigkeit.

Die Steuerklassen

I	Ledige und geschiedene Arbeitnehmer sowie verheiratete, deren Ehegatte im Ausland wohnt oder die von ihrem Ehegatten dauernd getrennt leben. Verwitwete, wenn der Ehegatte vor 2007 verstorben ist (gilt für das Jahr 2008).

II Gilt für die zu Steuerklasse I genannten Arbeitnehmer, wenn ihnen der Entlastungsbetrag für Alleinerziehende zusteht. Voraussetzung für die Gewährung des Entlastungsbetrages ist, dass der Arbeitnehmer Alleinerziehender ist und zu seinem Haushalt mindestens ein Kind gehört, für das ihm ein Freibetrag für Kinder oder Kindergeld zusteht und das bei ihm mit Haupt- oder Nebenwohnung gemeldet ist.

III Gilt für verheiratete Arbeitnehmer, wenn beide Ehegatten im Inland wohnen, nicht dauernd getrennt leben und der Ehegatte des Arbeitnehmers keinen Arbeitslohn bezieht oder Arbeitslohn bezieht und in die Steuerklasse V eingereiht wird.

IV Gilt für verheiratete Arbeitnehmer, wenn beide Ehegatten Arbeitslohn beziehen, im Inland wohnen und nicht dauernd getrennt leben.

V Gilt für einen der Ehegatten an Stelle der Steuerklasse IV, wenn der andere Ehegatte die Steuerklasse III besitzt.

VI Diese Steuerklasse ist auf der zweiten oder weiteren Lohnsteuerkarte von Arbeitnehmern zu bescheinigen, wenn sie nebeneinander von mehreren Arbeitgebern Arbeitslohn beziehen.

Bei der Bemessung der Sozialversicherungsbeiträge gelten bestimmte Beitragsbemessungsgrenzen 2008:

◆ Renten- und Arbeitslosenversicherung: 5.300 € (West) und 4.500 € (Ost)
◆ Knappschaftliche Rentenversicherung: 6.550 € (West) und 5.550 € (Ost)
◆ Kranken- und Pflegeversicherung: 3.600,00 €

◆ Pflichtversicherungsgrenze für Kranken- und Pflegeversicherung: 4.012,50 €

Ein Wechsel aus der gesetzlichen in die private Krankenversicherung ist erst dann möglich, wenn das Monatseinkommen über der Pflichtversicherungsgrenze liegt.

Und das sind die Beitragssätze 2008:
◆ Rentenversicherung: 19,9 %
◆ Arbeitslosenversicherung: 3,3 %
◆ Pflegeversicherung: bis zum 30.06.08 1,7 %, ab dem 01.07.08 1,95 %

Versicherte ohne Kinder im Alter von 23 bis unter 65 zahlen einen Sonderbeitrag zur Pflegeversicherung von 0,25 %.
Alle Arbeitnehmer zahlen einen Sonderbeitrag zur Krankenversicherung in Höhe von 0,9 %.

10.1 Gehaltsabrechnung

Berechnung des Auszahlungsbetrages:

Brutto-Lohn bzw. -Gehalt
+ Vermögenswirksame Leistung des Arbeitgebers
+ Sonstige (geldliche) Bezüge
+ Sachbezug (geldwerter Vorteil), z.B. private Pkw-Nutzung
= Steuer- und sozialversicherungspflichtiger Brutto-Lohn bzw. -Gehalt
– Lohnsteuer
– Kirchensteuer (8 bzw. 9 % von der Lohnsteuer)
– Solidaritätszuschlag (5,5 % von der Lohnsteuer)
– Sozialversicherungsbeiträge: Krankenversicherung, Rentenversicherung, Arbeitslosenversicherung, Pflegeversicherung und Sonderbeiträge zur Kranken- bzw. Pflegeversicherung (Arbeitnehmeranteil)
= Netto-Lohn bzw. -Gehalt

– Vermögenswirksame Leistung (Arbeitgeber- und Arbeitneh-
merantteil)
– Vorschuss
– Sachbezug
– Lohn- bzw. Gehaltspfändung

= Auszahlungsbetrag

Sonstige Bezüge und einmalig gezahltes Arbeitsentgelt sind:

◆ dreizehntes Gehalt,
◆ Gratifikationen und Tantiemen,
◆ einmalige Abfindungen und Entschädigungen,
◆ Jubiläumszuwendungen,
◆ Urlaubszuwendungen,
◆ Vergütungen für Erfindungen,
◆ Weihnachtszuwendungen.

Die Besteuerung der Sonderbezüge erfolgt folgendermaßen:
Zuerst wird der Jahresarbeitslohn ohne sonstige Bezüge und
der Jahresarbeitslohn mit sonstigen Bezügen ermittelt. Dann
wird die Jahreslohnsteuer für beide Beträge berechnet. Die
Differenz zwischen den Steuerbeträgen ist die auf die sonstigen Bezüge entfallende Lohnsteuer.

Folgende Lohnformen lassen sich unterscheiden:

◆ Zeitlohn: Der Arbeitnehmer wird nach Dauer der ab-
geleisteten Arbeitszeit entlohnt.

Zeitlohn = Arbeitszeit · Stundenlohn

◆ Geldakkordlohn: Dem Arbeitnehmer wird ein fester
Geldbetrag pro Leistungseinheit (der Akkordsatz) be-
zahlt; der Verdienst steigt proportional zur Leistungs-
menge.

Geldakkordlohn = Stück · Akkordsatz

◆ **Zeitakkordlohn**: Dem Arbeitnehmer werden für jedes geleistete Stück Vorgabeminuten gutgeschrieben.

Zeitakkordlohn = Stück · Vorgabezeit · Minutenfaktor

◆ Der **Akkordrichtsatz** ergibt sich aus dem Stundenlohn einer vergleichbaren Arbeit und dem Akkordzuschlag (ca. 10–20 %).

Akkordrichtsatz = Stundenlohn + Akkordzuschlag

◆ **Minutenfaktor**: Der Akkordrichtsatz wird auf den Betrag umgerechnet, der für eine Minute der Akkordarbeit zu bezahlen ist.

$$\text{Minutenfaktor} = \frac{\text{Akkordrichtsatz}}{60 \text{ Minuten}}$$

◆ Der **Prämienlohn** besteht aus planmäßig bezahltem Grundlohn und einem zusätzlichen Leistungsentgelt.

Prämienlohn = Grundlohn + Prämie

10.2 Personalkennzahlen

Große Verbreitung haben auch bestimmte Personalkennzahlen gefunden:

Struktur der Mitarbeiter	$\dfrac{\text{Arbeiter}}{\text{Angestellte}}$
	oder
	$\dfrac{\text{Männliche (bzw. weibliche) Mitarbeiter}}{\text{Mitarbeiter gesamt}}$

Fluktua-tionsgrad	$$\frac{\text{Abgänge von Mitarbeitern}}{\text{Mitarbeiterzahl}}$$ bzw. $$\frac{\text{Entlassungen + Neueinstellungen}}{\text{Mitarbeiterzahl}}$$
Durch-schnittliche Betriebszu-gehörigkeit	$$\frac{\text{Gesamte Dienstjahre der Mitarbeiter}}{\text{Mitarbeiterzahl}}$$
Entlassungs-koeffizient	$$\frac{\text{Entlassungen}}{\text{Mitarbeiterzahl}}$$
Alters-struktur	$$\frac{\text{Zahl der Mitarbeiter in einer bestimmten Altersgruppe}}{\text{Gesamtzahl der Mitarbeiter}} \cdot 100$$
Personalzu-gang	$$\frac{\text{Zahl der Personalzugänge}}{\text{durchschnittliche Mitarbeiterzahl}} \cdot 100$$
Kranken-quote	$$\frac{\text{Zahl der Kranken}}{\text{Gesamtzahl der Mitarbeiter}} \cdot 100$$
Kranken-standquote	$$\frac{\text{Anzahl der Krankentage}}{\text{Sollarbeitszeit}} \cdot 100$$
Durch-schnittlicher Personal-aufwand	$$\frac{\text{Gesamter Personalaufwand}}{\text{Gesamtzahl der Mitarbeiter}}$$
Leistung je Mitarbeiter	$$\frac{\text{Umsatzerlöse}}{\text{Mitarbeiterzahl}}$$
Cashflow je Mitarbeiter	$$\frac{\text{Cashflow}}{\text{Gesamtzahl der Mitarbeiter}}$$
Mitarbeiter-effektivität	Verfügbarkeit $\cdot$ Leistung $\cdot$ Qualität
Verfügbar-keitsquote	$$\frac{\text{Verfügbare Zeit − Ausfallzeiten}}{\text{Verfügbare Zeit}} \cdot 100$$

Leerzeiten-quote	$\dfrac{\text{Unproduktive Zeit}}{\text{Istzeit}} \cdot 100$
Fehlzeiten-quote	$\dfrac{\text{Alle Fehlzeiten in Tagen}}{\text{gesamte Werktage einer Periode}} \cdot 100$
Überstunden-zuschlags-quote	$\dfrac{\text{Überstundenzuschläge in Zeiteinheiten}}{\text{vereinbarte Arbeitszeit}} \cdot 100$
Überstun-denquote	$\dfrac{\text{Überstunden}}{\text{normale Arbeitszeit}} \cdot 100$
Ausbildungs-quote	$\dfrac{\text{Anzahl der Auszubildenden}}{\text{Gesamtzahl der Mitarbeiter}} \cdot 100$
Personalkos-tenintensität	$\dfrac{\text{Personalkosten}}{\text{Umsatz}}$

11 Produktion

Wirtschaftlichkeit der Fertigung

Die Produktion wird nach Gutenberg als Kombination der Elementarfaktoren Arbeit, Material und Maschinen zum Zwecke der Leistungserstellung definiert.

Die Produktivität kann als ein Verhältnis vom Output zum Input dargestellt werden und zeigt das mengenmäßige Ergebnis der Produktion.

In der Praxis werden Teilproduktivitäten gebildet, in denen die gesamte Outputmenge ins Verhältnis zu unterschiedlichen Inputarten gesetzt wird, z.B.:

◆ Maschinenproduktivität pro Stunde:

$$\frac{\text{Outputmenge}}{\text{Maschinenstunden}}$$

◆ Arbeitsproduktivität pro Mitarbeiter:

$$\frac{\text{Outputmenge}}{\text{Mitarbeiteranzahl}}$$

Zur Planung und Steuerung von Produktionsprozessen können folgende Kennzahlen ermittelt werden:

Kapazitäts-auslastung	$\dfrac{\text{Istleistung}}{\text{Kapazität}} \cdot 100$
	bzw.
	$\dfrac{\text{Effektive Ausbringungsmenge}}{\text{bestmögliche Ausbringungsmenge}}$
	bzw.
	$\dfrac{\text{Produktionsstunden}}{\text{Kapazitätsstunden}}$

Materialaus-schussquote	$\dfrac{\text{Ausschuss}}{\text{Materialeinsatzmenge}} \cdot 100$
Material-abfallquote	$\dfrac{\text{Abfall}}{\text{Materialeinsatzmenge}} \cdot 100$
Material-schwund-quote	$\dfrac{\text{Schwund}}{\text{Materialeinsatzmenge}}$
Wert-schöpfung	Produktionswert – Vorleistungen
Wertschöp-fungsquote	$\dfrac{\text{Wertschöpfung}}{\text{Gesamtleistung}}$

Die Kennzahlen werden in monetäre und nichtmonetäre Kennzahlen unterteilt:

◆ Die nichtmonetären Zahlen haben eine größere Bedeutung im operativen Bereich, da sie direkt vom Produktionsmanagement zur Führung verwendet werden können.

◆ Die monetären Kennzahlen dienen eher der strategischen Planung der Produktion.

Nichtmonetäre Kennzahlen	Monetäre Kennzahlen
◆ Durchschnittliches Anlagealter ◆ Beschäftigungsstruktur ◆ Ausschussquote ◆ Kapazitätsauslastung ◆ Produktionsstruktur ◆ Leistungsgrad	◆ Materialintensität ◆ Maschinenstundensatz ◆ Durchschnittlicher Wert der Anlage ◆ Deckungsbeitrag ◆ Umsatz pro Mitarbeiter ◆ Kostenstruktur

Stichwortverzeichnis